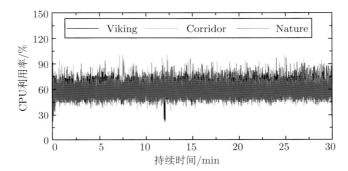

图 3.15　CPU 利用率随时间的变化

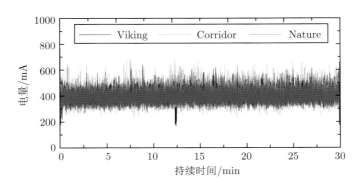

图 3.17　手机电量随时间的变化

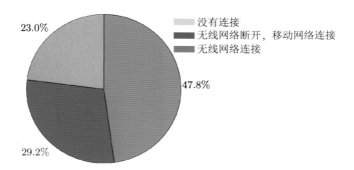

23.0%

47.8%

29.2%

没有连接
无线网络断开，移动网络连接
无线网络连接

图 5.1 用户使用 WiFi 和移动网络的时间分布

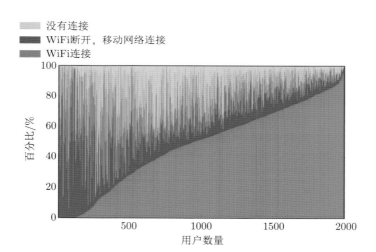

没有连接
WiFi断开，移动网络连接
WiFi连接

图 5.2 WiFi 和移动网络下的使用状态分析

清华大学优秀博士学位论文丛书

面向移动云计算的智能终端传输优化

赖泽祺（Lai Zeqi）著

Transmission Optimization
for Intelligent Devices via Mobile Cloud Computing

清华大学出版社
北　京

内 容 简 介

移动云计算技术是一种提升移动终端用户体验的重要技术,是移动通信技术与云计算相结合的成果。移动云计算提供了一种新型计算框架,通过无线网络将云端强大的计算和存储能力传递到终端,可以为智能终端提供各式各样的优质服务。然而,由于应用需求复杂多样,智能终端的电池容量和计算存储能力受限,移动网络传输环境存在不稳定性,优化移动云计算技术在实际应用场景中的服务质量是一项重要但充满巨大挑战的任务。为了解决上述问题,本书针对新兴移动应用场景,围绕面向移动云计算的智能终端传输优化技术介绍了三个方面的研究进展:①面向计算密集型应用的时延优化机制;②面向网络密集型应用的传输效率优化机制;③移动网络传输稳定性优化机制。本书可供高校、科研院所的计算机网络、通信和信息处理等专业的师生以及相关企业的技术人员阅读。

图书在版编目(CIP)数据

面向移动云计算的智能终端传输优化 / 赖泽祺著.—北京:清华大学出版社,2021.6
(清华大学优秀博士学位论文丛书)
ISBN 978-7-302-58059-1

Ⅰ.①面… Ⅱ.①赖… Ⅲ.①云计算-移动终端-智能终端-传输-最佳化
Ⅳ.①TP393.027

中国版本图书馆 CIP 数据核字(2021)第 075566 号

责任编辑:王 倩
封面设计:傅瑞学
责任校对:赵丽敏
责任印制:丛怀宇

出版发行:清华大学出版社
    网   址:http://www.tup.com.cn,http://www.wqbook.com
    地   址:北京清华大学学研大厦 A 座   邮   编:100084
    社 总 机:010-62770175   邮   购:010-62786544
    投稿与读者服务:010-62776969,c-service@tup.tsinghua.edu.cn
    质量反馈:010-62772015,zhiliang@tup.tsinghua.edu.cn
印 刷 者:三河市铭诚印务有限公司
装 订 者:三河市启晨纸制品加工有限公司
经   销:全国新华书店
开   本:155mm×235mm   印 张:9.75   插   页:1   字   数:164 千字
版   次:2021 年 7 月第 1 版   印   次:2021 年 7 月第 1 次印刷
定   价:89.00 元

产品编号:088781-01

一流博士生教育
体现一流大学人才培养的高度（代丛书序）①

　　人才培养是大学的根本任务。只有培养出一流人才的高校，才能够成为世界一流大学。本科教育是培养一流人才最重要的基础，是一流大学的底色，体现了学校的传统和特色。博士生教育是学历教育的最高层次，体现出一所大学人才培养的高度，代表着一个国家的人才培养水平。清华大学正在全面推进综合改革，深化教育教学改革，探索建立完善的博士生选拔培养机制，不断提升博士生培养质量。

学术精神的培养是博士生教育的根本

　　学术精神是大学精神的重要组成部分，是学者与学术群体在学术活动中坚守的价值准则。大学对学术精神的追求，反映了一所大学对学术的重视、对真理的热爱和对功利性目标的摒弃。博士生教育要培养有志于追求学术的人，其根本在于学术精神的培养。

　　无论古今中外，博士这一称号都和学问、学术紧密联系在一起，和知识探索密切相关。我国的博士一词起源于 2000 多年前的战国时期，是一种学官名。博士任职者负责保管文献档案、编撰著述，须知识渊博并负有传授学问的职责。东汉学者应劭在《汉官仪》中写道："博者，通博古今；士者，辩于然否。"后来，人们逐渐把精通某种职业的专门人才称为博士。博士作为一种学位，最早产生于 12 世纪，最初它是加入教师行会的一种资格证书。19 世纪初，德国柏林大学成立，其哲学院取代了以往神学院在大学中的地位，在大学发展的历史上首次产生了由哲学院授予的哲学博士学位，并赋予了哲学博士深层次的教育内涵，即推崇学术自由、创造新知识。哲学博士的设立标志着现代博士生教育的开端，博士则被定义为

① 本文首发于《光明日报》，2017 年 12 月 5 日。

独立从事学术研究、具备创造新知识能力的人，是学术精神的传承者和光大者。

博士生学习期间是培养学术精神最重要的阶段。博士生需要接受严谨的学术训练，开展深入的学术研究，并通过发表学术论文、参与学术活动及博士论文答辩等环节，证明自身的学术能力。更重要的是，博士生要培养学术志趣，把对学术的热爱融入生命之中，把捍卫真理作为毕生的追求。博士生更要学会如何面对干扰和诱惑，远离功利，保持安静、从容的心态。学术精神，特别是其中所蕴含的科学理性精神、学术奉献精神，不仅对博士生未来的学术事业至关重要，对博士生一生的发展都大有裨益。

独创性和批判性思维是博士生最重要的素质

博士生需要具备很多素质，包括逻辑推理、言语表达、沟通协作等，但是最重要的素质是独创性和批判性思维。

学术重视传承，但更看重突破和创新。博士生作为学术事业的后备力量，要立志于追求独创性。独创意味着独立和创造，没有独立精神，往往很难产生创造性的成果。1929 年 6 月 3 日，在清华大学国学院导师王国维逝世二周年之际，国学院师生为纪念这位杰出的学者，募款修造"海宁王静安先生纪念碑"，同为国学院导师的陈寅恪先生撰写了碑铭，其中写道："先生之著述，或有时而不章；先生之学说，或有时而可商；惟此独立之精神，自由之思想，历千万祀，与天壤而同久，共三光而永光。"这是对于一位学者的极高评价。中国著名的史学家、文学家司马迁所讲的"究天人之际，通古今之变，成一家之言"也是强调要在古今贯通中形成自己独立的见解，并努力达到新的高度。博士生应该以"独立之精神、自由之思想"来要求自己，不断创造新的学术成果。

诺贝尔物理学奖获得者杨振宁先生曾在 20 世纪 80 年代初对到访纽约州立大学石溪分校的 90 多名中国学生、学者提出："独创性是科学工作者最重要的素质。"杨先生主张做研究的人一定要有独创的精神、独到的见解和独立研究的能力。在科技如此发达的今天，学术上的独创性变得越来越难，也愈加珍贵和重要。博士生要树立敢为天下先的志向，在独创性上下功夫，勇于挑战最前沿的科学问题。

批判性思维是一种遵循逻辑规则、不断质疑和反省的思维方式，具有批判性思维的人勇于挑战自己，敢于挑战权威。批判性思维的缺乏往往被认为是中国学生特有的弱项，也是我们在博士生培养方面存在的一个普遍问题。2001 年，美国卡内基基金会开展了一项"卡内基博士生教育创新计划"，针对博士生教育进行调研，并发布了研究报告。该报告指出：在美国和欧洲，培养学生保持批判而质疑的眼光看待自己、同行和导师的观点同样非常不容易，批判性思维的培养必须成为博士生培养项目的组成部分。

对于博士生而言，批判性思维的养成要从如何面对权威开始。为了鼓励学生质疑学术权威、挑战现有学术范式，培养学生的挑战精神和创新能力，清华大学在 2013 年发起"巅峰对话"，由学生自主邀请各学科领域具有国际影响力的学术大师与清华学生同台对话。该活动迄今已经举办了 21 期，先后邀请 17 位诺贝尔奖、3 位图灵奖、1 位菲尔兹奖获得者参与对话。诺贝尔化学奖得主巴里·夏普莱斯（Barry Sharpless）在 2013 年 11 月来清华参加"巅峰对话"时，对于清华学生的质疑精神印象深刻。他在接受媒体采访时谈道："清华的学生无所畏惧，请原谅我的措辞，但他们真的很有胆量。"这是我听到的对清华学生的最高评价，博士生就应该具备这样的勇气和能力。培养批判性思维更难的一层是要有勇气不断否定自己，有一种不断超越自己的精神。爱因斯坦说："在真理的认识方面，任何以权威自居的人，必将在上帝的嬉笑中垮台。"这句名言应该成为每一位从事学术研究的博士生的箴言。

提高博士生培养质量有赖于构建全方位的博士生教育体系

一流的博士生教育要有一流的教育理念，需要构建全方位的教育体系，把教育理念落实到博士生培养的各个环节中。

在博士生选拔方面，不能简单按考分录取，而是要侧重评价学术志趣和创新潜力。知识结构固然重要，但学术志趣和创新潜力更关键，考分不能完全反映学生的学术潜质。清华大学在经过多年试点探索的基础上，于 2016 年开始全面实行博士生招生"申请–审核"制，从原来的按照考试分数招收博士生，转变为按科研创新能力、专业学术潜质招收，并给予院系、学科、导师更大的自主权。《清华大学"申请–审核"制实施办法》明晰了导师和院系在考核、遴选和推荐上的权力和职责，同时确定了规范的流程及监管要求。

在博士生指导教师资格确认方面，不能论资排辈，要更看重教师的学术活力及研究工作的前沿性。博士生教育质量的提升关键在于教师，要让更多、更优秀的教师参与到博士生教育中来。清华大学从 2009 年开始探索将博士生导师评定权下放到各学位评定分委员会，允许评聘一部分优秀副教授担任博士生导师。近年来，学校在推进教师人事制度改革过程中，明确教研系列助理教授可以独立指导博士生，让富有创造活力的青年教师指导优秀的青年学生，师生相互促进、共同成长。

在促进博士生交流方面，要努力突破学科领域的界限，注重搭建跨学科的平台。跨学科交流是激发博士生学术创造力的重要途径，博士生要努力提升在交叉学科领域开展科研工作的能力。清华大学于 2014 年创办了"微沙龙"平台，同学们可以通过微信平台随时发布学术话题，寻觅学术伙伴。3 年来，博士生参与和发起"微沙龙"12 000 多场，参与博士生达 38 000 多人次。"微沙龙"促进了不同学科学生之间的思想碰撞，激发了同学们的学术志趣。清华于 2002 年创办了博士生论坛，论坛由同学自己组织，师生共同参与。博士生论坛持续举办了 500 期，开展了 18 000 多场学术报告，切实起到了师生互动、教学相长、学科交融、促进交流的作用。学校积极资助博士生到世界一流大学开展交流与合作研究，超过 60% 的博士生有海外访学经历。清华于 2011 年设立了发展中国家博士生项目，鼓励学生到发展中国家亲身体验和调研，在全球化背景下研究发展中国家的各类问题。

在博士学位评定方面，权力要进一步下放，学术判断应该由各领域的学者来负责。院系二级学术单位应该在评定博士论文水平上拥有更多的权力，也应担负更多的责任。清华大学从 2015 年开始把学位论文的评审职责授权给各学位评定分委员会，学位论文质量和学位评审过程主要由各学位分委员会进行把关，校学位委员会负责学位管理整体工作，负责制度建设和争议事项处理。

全面提高人才培养能力是建设世界一流大学的核心。博士生培养质量的提升是大学办学质量提升的重要标志。我们要高度重视、充分发挥博士生教育的战略性、引领性作用，面向世界、勇于进取，树立自信、保持特色，不断推动一流大学的人才培养迈向新的高度。

邱勇

清华大学校长

2017 年 12 月 5 日

丛书序二

　　以学术型人才培养为主的博士生教育，肩负着培养具有国际竞争力的高层次学术创新人才的重任，是国家发展战略的重要组成部分，是清华大学人才培养的重中之重。

　　作为首批设立研究生院的高校，清华大学自 20 世纪 80 年代初开始，立足国家和社会需要，结合校内实际情况，不断推动博士生教育改革。为了提供适宜博士生成长的学术环境，我校一方面不断地营造浓厚的学术氛围，一方面大力推动培养模式创新探索。我校从多年前就已开始运行一系列博士生培养专项基金和特色项目，激励博士生潜心学术、锐意创新，拓宽博士生的国际视野，倡导跨学科研究与交流，不断提升博士生培养质量。

　　博士生是最具创造力的学术研究新生力量，思维活跃，求真求实。他们在导师的指导下进入本领域研究前沿，吸取本领域最新的研究成果，拓宽人类的认知边界，不断取得创新性成果。这套优秀博士学位论文丛书，不仅是我校博士生研究工作前沿成果的体现，也是我校博士生学术精神传承和光大的体现。

　　这套丛书的每一篇论文均来自学校新近每年评选的校级优秀博士学位论文。为了鼓励创新，激励优秀的博士生脱颖而出，同时激励导师悉心指导，我校评选校级优秀博士学位论文已有 20 多年。评选出的优秀博士学位论文代表了我校各学科最优秀的博士学位论文的水平。为了传播优秀的博士学位论文成果，更好地推动学术交流与学科建设，促进博士生未来发展和成长，清华大学研究生院与清华大学出版社合作出版这些优秀的博士学位论文。

　　感谢清华大学出版社，悉心地为每位作者提供专业、细致的写作和出版指导，使这些博士论文以专著方式呈现在读者面前，促进了这些最新的优秀研究成果的快速广泛传播。相信本套丛书的出版可以为国内外各相关领域或交叉领域的在读研究生和科研人员提供有益的参考，为相关学科领域的发展和优秀科研成果的转化起到积极的推动作用。

感谢丛书作者的导师们。这些优秀的博士学位论文，从选题、研究到成文，离不开导师的精心指导。我校优秀的师生导学传统，成就了一项项优秀的研究成果，成就了一大批青年学者，也成就了清华的学术研究。感谢导师们为每篇论文精心撰写序言，帮助读者更好地理解论文。

感谢丛书的作者们。他们优秀的学术成果，连同鲜活的思想、创新的精神、严谨的学风，都为致力于学术研究的后来者树立了榜样。他们本着精益求精的精神，对论文进行了细致的修改完善，使之在具备科学性、前沿性的同时，更具系统性和可读性。

这套丛书涵盖清华众多学科，从论文的选题能够感受到作者们积极参与国家重大战略、社会发展问题、新兴产业创新等的研究热情，能够感受到作者们的国际视野和人文情怀。相信这些年轻作者们勇于承担学术创新重任的社会责任感能够感染和带动越来越多的博士生，将论文书写在祖国的大地上。

祝愿丛书的作者们、读者们和所有从事学术研究的同行们在未来的道路上坚持梦想，百折不挠！在服务国家、奉献社会和造福人类的事业中不断创新，做新时代的引领者。

相信每一位读者在阅读这一本本学术著作的时候，在吸取学术创新成果、享受学术之美的同时，能够将其中所蕴含的科学理性精神和学术奉献精神传播和发扬出去。

清华大学研究生院院长

2018 年 1 月 5 日

导师序言

　　随着 5G/6G、边缘计算等基础架构的日臻完善，移动互联网将会成为下一代互联网发展的重要组成部分。面对未来新型应用业务的新需求，在海量用户与海量流量背景下，如何保证智能终端的用户体验，已成为移动互联网所面临的重要问题。由于重量、大小和散热等因素的限制，智能终端的计算资源、存储资源与传统的非移动设备相比存在较大差距，使得传统有线网络中的计算、传输优化方案不能完全适用于移动场景中。为了突破移动终端计算、存储和电池等资源限制，移动云计算作为一种新的技术应运而生，它将移动终端的计算任务迁移到云端或边缘节点执行，进而达到增强移动终端性能、降低功耗等目的。然而在实际应用中，由于现今应用程序复杂多样，智能终端的电池容量和计算存储能力有限，移动场景下网络传输环境存在不稳定性，保障移动云计算技术中低延迟、高效率、高可靠的数据传输仍然面临着巨大的实际挑战。

　　为了克服移动云计算中数据传输面临的诸多挑战，本书采用端-边-云协同优化的技术路线，重点从以下几个方面展开研究。

　　首先，提出面向计算密集型应用的时延优化机制，并将其应用于虚拟现实（VR）这一新型应用。利用基于边缘计算的协同渲染技术，将复杂的计算任务合理地分配到端、边两侧协同执行。并通过预加载技术和并行解码技术，优化了数据传输时的网络传输效率，首次在现有无线网络环境和智能手机平台上实现高画质、低延迟的交互式虚拟现实应用。端-边协同渲染相关的代码已经在 GitHub 上开源，为移动虚拟现实方向的后续研究与工程实现提供了有效帮助。

　　其次，提出面向传输密集型应用的传输效率优化机制，针对现今主流的个人云存储服务进行了大规模的测量分析，找出了移动场景下同步效率低下的原因。基于测量中的新发现，设计并实现了面向移动个人云存储服务的同步效率优化机制，利用网络自适应的冗余消除技术、增量编码技术和延迟捆绑传输技术提升了在移动环境下个人云存储服务的同步效率。第 94 届国际互联网工程任务组（IETF）大会专门组织了以该技术成果为核心的特别研讨会（BoF），我们团队（包括赖泽祺）与来自谷歌、微软、华为等企业的一百余名与会专家进行了交流和讨论，该技术得到了专家们的关注与认可。

最后，为了保障移动应用在不稳定移动网络环境中的用户体验，设计并实现了面向移动终端的稳定、高效的传输系统，通过智能链路选择算法和流量调度算法，根据不同应用的 QoE 需求选择最佳的无线接口，透明地处理网络切换导致的断链现象，改进了网络不稳定环境的用户体验。

综上所述，本书在主流的移动应用场景下，围绕移动云计算在实际部署时的传输问题，从多角度设计了立体的优化方案，有效地改进了移动网络环境下各种类型应用程序的用户体验。上述研究成果同时也发表在移动计算领域顶级会议 ACM MobiCom 和顶级期刊 IEEE TMC 上，为移动云计算领域内的传输优化做出了贡献。在移动云计算未来的发展道路上，低延迟、高可靠的网络传输仍会成为研究的重要问题；确定性时延、智能化的计算与传输协同机制可能会成为新的研究热点。希望本书中的研究内容能够为移动云计算领域的发展增添一份力量。

崔　勇

清华大学计算机科学与技术系

摘 要

　　智能硬件、无线网络和移动通信技术的飞速发展使得移动应用程序深入到了社会的各个角落，深远地改变着现代人类的通信、消费、出行和娱乐方式。如何保证智能终端上移动应用的用户体验（quality of experience, QoE），已成为学术界、工业界广泛关注的重要问题。

　　移动云计算技术是一种提升移动应用用户体验的重要技术，它是移动通信技术与云计算相结合的成果。移动云计算提供了一种新型计算框架，通过无线网络将云端强大的计算和存储能力传递到终端上，可以为智能终端提供各式各样的优质服务。然而，由于现今应用程序种类复杂多样，智能终端的电池容量和计算存储能力受限，无线网络传输环境存在不稳定性，优化移动云计算技术在实际应用场景中的服务质量是一件意义重大且充满挑战的任务。

　　为了解决上述问题，本书主要从以下几个方面展开研究。

　　（1）计算密集型应用用户体验优化。虚拟现实（VR）应用是一种新兴的计算密集型应用。本书设计并实现了面向智能终端的高清、低延迟的交互式虚拟现实系统 Furion ，利用协同渲染技术，将复杂的计算任务合理地分配到端云两侧协同执行，并通过预加载技术和并行解码技术，优化了数据传输时的网络传输效率，最终在现有无线网络环境和智能手机平台上实现高画质、低延迟的交互式 VR。

　　（2）网络密集型应用用户体验优化。个人云存储服务是一种重要的网络密集型应用。本书针对现今主流的个人云存储服务进行了大规模的测量分析，找出了移动场景下同步效率低下的原因。基于测量与分析结果，设计并实现了面向移动个人云存储服务的同步效率优化系统 QuickSync ，利用网络自适应的冗余消除技术、增量编码技术和延迟捆绑传输技术提升了在移动环境下个人云存储服务的同步效率。

（3）移动网络传输稳定性优化。为了保障移动应用在不稳定移动网络环境中的用户体验，本书设计并实现了面向移动终端的稳定、高效传输系统 Janus，通过智能链路选择算法和流量调度算法，根据不同应用的 QoE 需求选择最佳的无线接口，透明地处理网络切换导致的断链现象，改进了网络不稳定环境中的用户体验。

综上所述，本书在主流的移动应用场景下围绕移动云计算在实际部署时的传输问题从多角度设计了立体的优化方案，有效地改进了移动网络环境下各种类型应用程序的用户体验。

关键词：移动云计算；智能终端；传输优化；无线和移动网络

Abstract

With the rapid development of smart devices and wireless networks, mobile applications are gaining tremendous popularity, and changing the way of communication, transportation and entertainment. How to sustain the quality of experience (QoE) of mobile applications is an important problem which has attracted significant attentions from both academia and industry.

Mobile cloud computing (MCC) is one of the key enabler of improving QoE of mobile applications. MCC is the combination of cloud computing and mobile networks. MCC provides a novel architecture which delivers the powerful computation and storage capability from the cloud to mobile devices. However, because of the diversity of mobile applications, limited computation capacity on mobile devices and the instability of mobile network, it is quite challenging to optimize the effectiveness of applying mobile cloud computing technologies in real-world scenarios.

To overcome above challenges of applying mobile cloud computing technologies and optimize application QoE, in this book we have made the following contributions:

(1) QoE optimization for computation intensive mobile applications. Virtual reality (VR) is a representative computation intensive mobile application. We present Furion, a VR framework that enables high-quality, immersive mobile VR on today's mobile devices and wireless networks. Furion exploits a key insight about the VR workload that foreground interactions and background environment have contrasting predictability and rendering workload, and employs a split renderer architecture running on both the phone and the server. Supplemented with video compression, use of panoramic frames, and parallel decoding on multiple cores on the phone, we demonstrate Furion can support high-quality VR applications on today's smartphones over WiFi, with under 14 ms latency and 60 FPS.

(2) QoE optimization for network intensive mobile applications. Mobile cloud storage services have gained phenomenal success in recent few years. We identify, analyze and address the synchronization (sync) inefficiency problem of modern mobile cloud storage services. Our measurement results demonstrate that existing commercial sync services fail to make full use of available bandwidth, and generate a large amount of unnecessary sync traffic in certain circumstance even though the incremental sync is implemented. These issues are caused by the inherent limitations of the sync protocol and the distributed architecture. Based on our findings, we propose QuickSync, a system with three novel techniques to improve the sync efficiency for mobile cloud storage services and build the system on two commercial sync services. Our experimental results using representative workloads show that QuickSync is able to reduce up to 52.9% sync time in our experiment settings.

(3) Transmission optimization under instable networks. We present Janus, an intelligent interface management framework that exploits the multiple interfaces on a handset to transparently handle network disruptions and improve applications' QoE. We have implemented Janus on Android and our evaluation using a set of popular applications shows that Janus can ① transparently and efficiently handle network disruptions, ② reduce video stalls by 2.9 times and increase 31% of the time of good voice quality compared to naive solutions.

In summary, we have studied the transmission optimization for mobile applications in this book. Extensive experiments demonstrate the effectiveness of our solutions on QoE improvement for mobile applications.

Key Words： mobile cloud computing; smartphone; transmission optimization, mobile/wireless networks

目　录

第 1 章 引　　言

本章首先介绍智能终端和移动云计算技术的相关研究背景，包括智能终端上应用的用户体验需求，移动云计算的基本概念，以及移动云计算的主要研究内容。随后介绍移动云计算技术在用于服务体验（quality of experience，QoE）优化时所面临的主要挑战，以及本研究的研究方法、研究内容和成果。最后介绍后续章节的内容框架。

1.1　移动云计算研究背景

近年来，移动互联网的高速发展使得人们在日常生活中的学习和生活方式有了巨大的改变。各式各样的移动应用，例如即时通信、社交网络、移动支付、移动音频/视频等应用程序，正在逐渐渗透到人们学习和生活的各个方面，并在不断改变人类社会教育、沟通、娱乐和消费的方式。2017 年中国互联网发展报告[1] 中的统计数据表明，近年来移动互联网的产值不断增长，对国家的经济贡献不断增大。在 2016 年，中国移动互联网的市场总收入高达 13 786 亿元人民币，同比增长 12%，占国家 GDP 增长总值的 1.5%。据估计，未来移动互联网产生的经济价值仍会持续稳定地增长。

移动互联网的发展主要得益于智能终端设备和无线网络的发展。其中，智能终端主要以智能手机为代表，主要指能够运行移动操作系统（如 Android、iOS 等）的手持设备。智能终端通过触摸屏或键盘等硬件与用户交互，可以运行多种移动应用程序。大部分移动应用通过无线网络（例如 WiFi 和蜂窝网络）访问互联网中的资源，为用户提供多样的功能和服务。随着智能终端的普及，应用程序的用户体验也越来越重要。例如，用户通过手机浏览网页时，总是希望页面能够尽快地被加载，同时不希望产生过多的流量开销。因此，保证移动应用高质量的服务体验成为了移动网络运营商、手机设备商和应用提供者所共同关注的重要问题。

1.1.1　智能终端应用程序及服务质量需求

当今智能终端上运行的应用程序种类繁多，琳琅满目。移动应用程序按照其资源消耗情况可分为计算密集型应用（例如虚拟现实应用和实时图像处理应用）、带宽密集型应用（例如云同步服务和流媒体服务）、延迟敏感型应用（例如即时通信应用和 Web 应用）和其他应用（例如邮件服务）。对于不同种类的移动应用而言，影响其用户体验的关键性能指标也有所不同。例如，对于即时通信类应用而言，最主要的 QoE 优化目标是用户进行通信时收发消息延迟要足够低。对于流媒体应用来说，主要的 QoE 优化目标是音频/视频播放的过程中要尽可能地提供高清且流畅不卡顿的流媒体服务。

一般而言，提升应用程序的用户体验主要有以下几个方向。第一，提升应用的内容质量。例如，对于流媒体视频应用而言。视频内容的清晰度越高，画质越高，使用过程中的用户体验越好。第二，降低应用的交互延迟。例如使用即时通信应用进行通话或收发消息时，用户希望尽快地收到对方的信息，使用浏览器阅读网页内容时，希望能够尽快地加载页面。第三，降低应用运行时产生的能耗开销，提升智能终端的续航能力。第四，移动应用的可靠性和安全性也是非常重要的 QoE 指标。智能终端和用户日常生活中的数据关系紧密，移动应用需要尽可能保证用户数据安全和可靠。因此，从移动网络架构的角度进行分析，要向上层应用提供更好的 QoE，其根本方法是要设计并实现低延迟、高带宽的网络传输方案，同时要保证应用支撑系统的稳定性、安全性和低功耗。

1.1.2　移动云计算技术的定义与主要特点

移动云计算作为一种提升智能终端服务性能、稳定性和安全性的重要技术，得到了学术界和工业界的广泛关注。近年来，在移动计算领域有许多相关的研究。移动云计算技术是从云计算的概念上延伸和发展起来的。云计算技术作为一种被广泛应用的计算架构，具有成本低、资源利用率高、可以灵活地按需进行资源配置等优点。另一方面，无线网络技术的不断发展增强了世间万物的连通性。因此，移动云计算技术本质上是通过无线网络技术将智能终端和云计算服务相结合的产物。移动云计算技术使得云端强大的计算能力、丰富的存储资源能够通过无线网络传递给智能终端使用，以提供更好的用户体验，同时能够降低移动应用的开发、管理和运营开销。

图 1.1 绘制了移动云计算的基本架构，主要由移动终端及应用程序、无线接入网和云端服务三部分组成。在数据传输过程中，移动终端通过空中接口和基站或无线接入点连接，此连接包括用于传输数据的数据连接和用于传输控制信令的控制连接。此后，移动用户的请求和其他信息（例如身份标识和位置信息等）依次通过接入网和骨干网传递到云服务提供商。在接入网中，移动运营商会对移动终端进行身份认证、频谱资源分配和计费等操作，然后再将用户的请求转发到骨干网。内容提供商借助云端的云计算技术，响应用户请求，按需提供多样化的服务。接下来介绍图 1.1 中的几个关键组成部分。

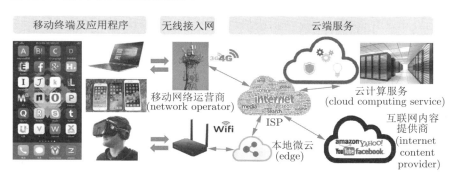

图 1.1 移动云计算基本架构

移动终端及应用程序：移动终端主要指消费级的移动电子设备，例如智能手机、笔记本电脑、平板电脑、智能手表和虚拟现实头盔等设备。这些设备一般像传统的桌面主机一样，具备 CPU、RAM 和无线网卡等计算、存储和网络传输硬件设备。移动终端之上运行移动操作系统和各式各样的应用程序供用户使用。一般而言，现今的移动智能终端都配备支持 WiFi 和蜂窝网络的芯片。大部分的移动应用程序，例如即时通信应用和社交网络应用等需要通过网络来提供完整的服务。

无线接入网：无线接入网是连接移动终端和云端服务的桥梁。WiFi

网络的接入网主要包括一个支持 WiFi 网络的无线接入点（access point，AP），一方面发出无线电波和终端进行通信，另一方面连接到骨干链路上与互联网连接。蜂窝网络的接入网部分则更加复杂，由基站（node B）、射频网络控制器（radio network controllers）和核心网（core network）几个关键部分组成。

云端服务：云端服务则是移动终端及其应用程序的远程支持，主要包括提供云计算服务平台的数据中心、提供内容的互联网内容提供商（internet content provider，ICP）和提供网络连接服务的互联网服务提供商（internet service provider，ISP）。另外，在一些体系结构下，在接近接入网的部分会部署一些本地的微云（edge），其计算能力比远程的云计算数据中心低，但是由于距离终端更近，微云能够提供更低延迟的服务。云端服务的各个部分综合在一起为终端用户提供多样化的应用服务。

1.1.3 移动云计算技术的主要研究内容

近年来有许多相关工作围绕移动云计算技术展开了研究，接下来将介绍本研究在移动云计算领域的几个主要研究内容。

（1）基于移动云计算的能耗优化技术

对于智能终端来说，能耗（也称为功耗）是一个非常重要的性能指标。更低的功耗能够确保设备有更长的续航时间。一些现有工作重点研究了面向智能终端的 CPU 或屏幕节能技术[2,3]，但是这些工作都需要从硬件层面修改现有智能终端的体系架构。计算迁移技术是移动云计算背景下一种被广泛使用的技术，它通过网络将原本在本地执行的计算任务迁移到云端执行。计算迁移技术也被广泛地用于智能终端的能耗优化，它能够有效地降低本地计算的功耗。例如，实验数据表明，仅仅将手机上一些常用的图像处理任务迁移到云端执行就可以降低约 41% 的本地功耗[2]。MAUI[4] 是一种利用计算迁移来降低终端功耗的计算框架，利用计算迁移能够降低 27% 的云游戏能耗。

（2）基于移动云计算的计算和存储性能优化

因为受到功耗约束，现今智能终端的计算和存储资源都非常有限。借助移动云计算技术，可以向移动终端提供云端更强大的计算和存储能力。移动个人云存储服务是一种常见的通过移动云计算提升终端的计算和存储能力的移动应用，它利用云端的存储资源，为智能终端提供数据备份、文件协同和共享等功能。除此之外，有许多应用利用移动云计算技术为终端提供更强大的计算能力。云游戏[5-12]是一个典型的通过移动云计算来提升终端用户体验的应用。它通过服务器渲染计算负载非常高的游戏画面，并通过网络传递到终端显示给用户，提升了终端用户体验。

（3）移动数据可靠性研究

移动云计算技术还可以用来提升移动数据的可靠性。利用云端的分布式系统，可以将终端上的数据冗余备份在多个云端存储节点上，避免数据的损坏或丢失。文献 [13,14] 中设计了新型的移动数据安全模型，利用移动云计算技术为用户数据提供更强的安全和隐私保障。

1.2　研究领域及面临的主要挑战

本书主要研究移动云计算技术在实际应用时的传输优化问题，为移动应用提供更好的用户体验。然而，如图 1.1所示，移动网络的架构非常复杂，包括终端、无线接入网和云端服务三大部分。影响应用 QoE 的因素非常繁杂，最终智能终端上的用户体验是由这三部分共同决定的。具体而言，优化移动云计算中的数据传输主要面临着以下三个方面的重要挑战。

1.2.1　计算资源和功耗受限的移动终端

相比于传统桌面环境下的计算机设备，移动智能终端因为其尺寸相对较小且要求具备移动性，一般都通过自身的独立电源（例如锂电池）进行供电。由于移动电源可提供的电容有限，移动终端无法像桌面主机那样支持大功率的 CPU 等计算单元。此外，为了避免运行时自身过热而产生安全隐患，在操作系统层面会进行软件控制，约束移动终端的 CPU 不能长时间以最大功率运行，以延长续航时间和避免硬件过热。因此，移动终端上芯片的计算能力十分有限。受限的计算能力给计算密集型应用程序（例如游戏或者新兴的 VR/AR 应用）的 QoE 优化带来了巨大挑战。

1.2.2 延迟、带宽受限的无线网络环境

相比传统的有线网络，无线网络受其特有的电气特征约束，能提供的可用带宽往往更低，端到端延迟往往更高。这主要是因为无线网络是通过广播的形式传播数据的，在空间中传播需要通过额外的计算来处理干扰、冲突和障碍等环境因素。受限的带宽和延迟使得延迟敏感型应用（例如语音通信）和带宽敏感型应用（例如视频直播）在无线网络环境下的 QoE 优化面临着巨大的困难。

1.2.3 移动性导致的网络不稳定

移动性是移动终端的重要特征之一。如图 1.1 所示，终端在移动过程中可能需要在不同的无线接入点之间进行连接切换。切换时终端和之前的基站先断开连接，然后和新的基站建立新的连接。在这个过程中可能会产生信号的波动以及网络连接的中断。因此，网络的性能，如延迟和带宽可能发生剧烈的波动，网络的可用性也会受到影响。网络连接中断事件会对正在进行网络通信的上层应用的 QoE 产生重大影响。因此，要保证上层应用的 QoE，在移动网络环境下必须重点考虑用户移动性导致的网络性能的抖动和连接的中断与恢复（统称为移动网络的不稳定性）。

1.3 研究方法、研究内容与研究成果

1.3.1 基于计算-网络融合的协同优化方法

考虑到移动互联网架构的复杂性，用户所感知到的 QoE 问题往往受到终端、网络和云端上众多复杂因素的综合影响。因此，为了克服现有方法的局限性，充分利用移动云计算技术提升智能终端的 QoE，本书提出一种新型的研究方法：**基于计算-网络融合的协同优化方法**。其基本思想是：智能终端、移动网络和云端服务三者均具备不同的计算和网络资源。通过移动云计算优化用户体验时，充分理解所执行任务的计算和网络特性，将任务进行合理地拆分，利用端、网和云上的资源协同地执行任务，优化用户体验。在解决具体问题时，首先通过大规模的测量实验深入理解具体应用场景中的性能瓶颈，找出影响用户体验的关键因素。其次，针对

发现的性能瓶颈，设计和实现相关优化方案。最后，通过大量的实验和现有解决方案进行对比，验证所提出方案的有效性。

　　图 1.2 绘制了本书的主要研究内容和移动网络基本架构之间的关系图。移动互联网架构非常复杂，每个关键的组成部分均包含各种计算、存储和网络资源。移动应用根据其主要资源消耗类型及程度可以分为计算密集型应用（例如游戏、VR/AR 应用）、带宽密集型应用（例如流媒体应用）、延迟敏感型应用（例如语音通话、即时通信类应用）和其他应用（例如电子邮件）。其中带宽密集型应用和延迟敏感型应用又统称为网络密集型应用。本研究站在移动云计算的视角，运用基于计算-网络融合的协同优化技术对主流的重要移动应用分别设计了 QoE 优化方案。本书首先针对主流的计算密集型应用，例如新兴的 VR/AR 应用，采用移动云计算的方法将其繁杂的计算任务迁移到云端执行，并在终端、无线网络和服务器端三部分都进行了专门的优化，克服在进行计算迁移过程中遇到的网络延迟大和带宽不足等具体挑战，最终实现了基于现有移动终端和移动网络的高清低延迟虚拟现实系统。其次，本书针对主要的网络密集型应用，例如移动个人云存储服务的同步效率进行了优化研究。通过测量实验，发现、分析了个人云存储服务的同步协议在移动网络环境下同步效率低下的问题，并设计新的同步方案解决了其性能瓶颈。新的同步方案根据终端、网络和云端三部分的特点进行了联合优化。最后，为了解决移动网络环境下底层网络连接的不稳定性对上层应用 QoE 的影响，本书设计并实

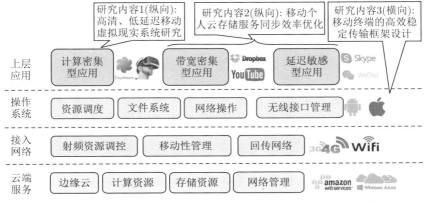

图 1.2　本书研究主要内容和移动网络基本架构之间的关系

现了面向移动终端的稳定高效传输系统。综上所述，本书的研究内容和创新成果可以归纳为以下几点。

1.3.2 研究成果 1：计算密集型移动应用 QoE 优化

计算密集型应用是当今智能终端上重要的应用之一。但是，由于智能终端计算能力有限，无法提供充足的计算能力，智能终端难以像传统的桌面环境那样提供极致的用户体验。移动云计算中的计算迁移技术是提升终端计算能力的一种关键技术，它将本地复杂的计算工作迁移到云端执行，利用云端强大的计算资源进行计算，最后将结果回传给用户。但是，计算迁移的方法同时也给无线网络带来了巨大的网络开销。例如，传输虚拟现实的高清内容需要消耗几个 Gb/s 的带宽。如何优化移动云计算在实际应用中的传输问题是一个重要且具有挑战的任务。本书研究了新兴计算密集型应用虚拟现实系统的传输优化问题，提升了其用户体验。

当今的高性能虚拟现实系统（例如 Oculus Rift 或 HTC VIVE）都是通过数据线（例如 HDMI）将高清内容传输到头显设备上。但是，数据线限制了用户的可移动性，大大降低了用户体验。使用有线网络的主要原因在于移动设备（例如智能手机）和无线网络（例如 WiFi）无法承受高性能 VR 应用所带来的高计算和高传输负载。本研究设计并实现了面向无线智能终端的高清，低延迟交互式虚拟现实系统 Furion。借助计算迁移和压缩等技术，让高清 VR 应用能够运行在现有智能手机和无线网络环境下，提升画面质量，降低用户操作延迟，同时将功耗限制在可接受范围内。

1.3.3 研究成果 2：网络密集型移动应用 QoE 优化

网络密集型应用，如流媒体和个人云存储服务是现今非常流行的移动应用。随着无线技术的发展，越来越多的用户在移动设备（例如手机和平板电脑）上使用个人云存储服务（例如 Dropbox 和 OneDrive）来进行协同办公或者文件分享。相关数据显示，云存储服务已经占据了整个互联网 4% 的流量[15]。本研究围绕重要的网络密集型应用——移动个人云存储服务的 QoE 优化问题设计了优化方案。现有的个人云存储服务少有对移动无线网络环境下的高延迟、带宽受限、网络连接不稳定等因素进行优化，导致在移动场景下个人云存储服务面临同步效率低下等问题。本研究针对现今主流的个人云存储服务进行了大规模的测量分析，通过大规模的实验分析找出了移动场景下同步效率低下的原因，设计并实现了同步效率优化系统 QuickSync。QuickSync 改进了现有同步传输协议，并利用网络自适应的冗余消除等技术，增强了在移动环境下个人云存储服务的同步效率，提升了用户体验，同时能够降低数据同步造成的移动数据开销。

1.3.4 研究成果 3：移动网络传输稳定性优化

对于移动云计算技术而言，除了需要优化网络的传输性能（如高带宽和低延迟），优化在移动场景下网络的稳定性也至关重要。具体而言，移动应用需要考虑弱场环境（例如信号强度差或网络连接不稳定）的持续低带宽对上层应用用户体验的影响。然而，现有的移动平台上的网络协议栈仍沿用了传统桌面设备的协议栈，并没有针对弱场环境中的网络异常进行重点优化，这导致在实际系统中，许多移动应用忽略了对网络断连和持续低带宽的处理，进而导致应用的传输性能、用户体验受到严重影响。本研究设计并实现了面向移动终端的稳定、高效的网络传输系统 Janus。Janus 运行于移动设备之上，帮助各种移动应用应对弱场环境中复杂的异常处理问题，同时能够智能准确地选择合适的传输路径，降低传输时延开销。

1.4 本 书 框 架

本书的研究思路和框架如图 1.3 所示。为了提升移动应用程序的用户体验，本书围绕移动云计算技术应用到智能终端时面临的网络传输问题设计了相关传输优化方案，主要克服了三大技术难点：①智能终端上受限的计算、存储、网络资源；②复杂的网络结构；③移动性所造成的网络性能和可用性波动。本书的主要贡献是：①设计并实现了面向移动智能终端的高清低延迟交互式 VR 系统，提升了计算密集型应用的用户体验；②设计并实现了面向移动个人云存储的高效同步框架，提升了网络密集型应用的用户体验；③设计并实现了面向移动终端的稳定高效传输框架，提升了应用在网络不稳定状况下的传输性能。

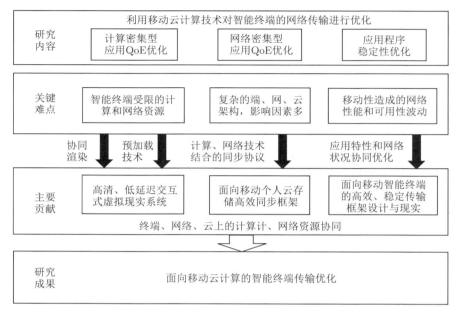

图 1.3　本书的研究思路和框架

　　本书共分为 6 章，后续的章节将分别介绍以下内容。

　　第 2 章对移动云计算相关的已有工作进行总结。首先，总结了利用移动云计算技术对计算密集型任务进行计算迁移，进而提升移动应用性能的相关工作。主要包括通用计算迁移技术、针对特定类型的计算迁移框架和计算迁移节能技术等相关工作。其次，介绍了和网络密集型应用，尤其是移动云存储服务相关的端云协同优化的方案。主要包括对移动云存储服务的测量分析相关研究，以及降低网络开销的同步协议、相关存储技术。最后，介绍现有的在移动网络环境下的传输框架，主要包括利用多连接来解决切换问题的方案，在端系统进行修改网络协议栈的相关方案，以及修改接入网络基础架构的相关研究。

　　第 3 章设计并实现了能够在现有无线网络和移动终端上支持高清、低延迟的交互式虚拟现实系统的相关技术。首先，测量并分析了现有的支持 VR 系统的方案的性能瓶颈。其次，提出了基于协同渲染技术来支持高清、低延迟交互式 VR 的 Furion 系统。Furion 利用协同渲染、预渲染、预加载、并行编解码等技术，实现了在现有无线网络环境下的低延迟、高清交互 VR。随后介绍了 Furion 的系统实现和部署方案，并通过大量实验证明，相比现有的 VR 方案，Furion 可以大幅提升移动 VR 的画质，降低交互式延迟。

第 4 章阐述了优化移动个人云存储服务同步效率的 QuickSync 系统。首先，针对现今主要的个人云存储服务（如 Dropbox 和 GoogleDrive 等）的同步效率进行深入地测量和分析，找出了在移动网络环境下影响个人云存储服务同步效率的主要原因。其次，改进了现有的同步协议，并进一步设计和实现了能够提升在移动网络下个人云存储服务同步效率的 QuickSync 系统。本章还介绍了基于 Dropbox 和 Seafile 的 QuickSync 系统的实现和部署方案，并通过大量真实场景下的用户负载证明了 QuickSync 能够有效地提升同步效率，并降低同步过程中产生的流量开销。

第 5 章提出了面向移动终端的高效稳定传输框架 Janus。首先，通过大规模的测量和分析，量化性地给出了现实世界中用户所遭受的移动网络性能波动（例如延迟和带宽的剧烈抖动）和网络的不稳定性（例如网络断连的频数和规律）。其次，为了提升移动应用在不稳定的移动网络环境下进行传输的稳定性和效率，本章设计并实现了 Janus 传输框架，结合上层应用的流量特征和下层网络的网络特性进行联合优化。通过智能选接口和透明网络恢复等技术，降低了移动开发人员的开发负担，同时也通过原型系统的实现和评估，证明了 Janus 能够在各种移动网络环境下确保应用进行稳定、高效的数据传输，提升应用 QoE。

第 6 章总结全书的主要研究内容和主要贡献，并介绍了研究展望。

第 2 章 研究现状与相关工作

本章介绍与移动云计算传输优化相关研究的现状。图 2.1中归纳总结了与移动云计算传输优化相关的研究内容,主要包括利用移动云计算技术对计算密集型应用、网络密集型应用的性能优化,以及针对移动云计算传输稳定性的研究内容。

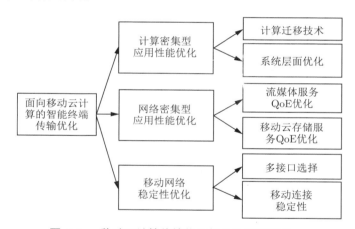

图 2.1　移动云计算传输优化相关的研究内容

2.1　移动云计算技术对计算密集型应用的优化

移动云计算技术的一个重要应用场景是优化计算密集型应用的用户体验。通过计算迁移,将复杂的计算任务从终端迁移到云上,利用云端强大的计算能力执行任务,最终回传给终端。但是,计算迁移虽然降低了本地计算开销,但是引入了额外的传输问题,例如额外的延迟、带宽开销等。如何优化计算迁移过程中的数据传输,是学术界和工业界共同关注的重要问题。

2.1.1 移动虚拟现实应用

虚拟现实（VR）技术是一项应用前景广泛的新兴技术。VR 应用因为需要渲染高清、高帧率的画面以营造沉浸式的体验环境，计算开销很大。近期的几项研究工作重点测量并改进了现有 VR 系统的性能。Chang 等人[16] 通过测量实验量化了现有 VR 应用的交互时间和定位精度，深入测量并研究了现今有线 VR 以及基于智能终端的 VR 系统的用户体验。Flashback 通过预渲染的方式解决智能终端计算能力不足的问题[17]。它将虚拟环境中可能移动到的每一个位置都对应地预渲染出一张全景图，然后设计了一个高速缓存，将所有预渲染好的全景图缓存在本地。运行时实时地根据当前的用户位置信息和角度信息查找本地缓存，然后加载对应的全景图，并最终显示给用户。这种方案的基本思想是，从缓存中按需加载已经预渲染好的全景图的速度要比本地 GPU 渲染高清帧的速度更快。因此，Flashback 能够有效地降低用户在虚拟环境中移动的延迟。然而，Flashback 有两个局限性。第一，由于所有的帧都是预渲染的，所以 Flashback 无法支持基于用户实时交互所产生的动态变化。第二，因为每一帧高清画面都包含大量的信息，预先缓存本地可能发生的所有全景图会带来巨大的存储开销。例如，一个普通的 VR 应用需要消耗 50 GB 本地高速缓存空间，这对于智能手机而言存储开销过于庞大。

最近，MoVR[18,19] 试图通过使用 60 GHz 毫米波技术来实现高质量的移动 VR，实现能够支持吉位每秒级别网络带宽的无线网络，进而满足 VR 头显设备与渲染引擎之间的高带宽无线通信需求。但是，因为 60 GHz 无线电波具有很强的指向性，传播过程中很容易受到障碍物遮挡导致数据发送失败。MoVR 设计了专门的 60 GHz 硬件反射板设备来处理遮挡问题，但是由于其需要特定的硬件设备支持，在实际场景中部署难度很大，难以大规模地部署和使用。除此之外，手机芯片厂商也尝试从优化移动芯片的角度提升移动 VR 的性能。2017 年初，高通推出了 Snapdragon 835 手机最新的高级移动平台，通过新的虚拟现实开发工具包 VRDK[20] 来满足移动 VR 的严格的 QoE 需求。但是，由于现阶段移动芯片的功耗约束，Snapdragon 835 芯片的计算能力在面对计算量巨大的 VR 应用时仍然有待提升。

2.1.2　计算迁移和云游戏技术

移动计算领域利用基于云计算的计算迁移技术来弥补移动终端受限的计算能力已有很长的历史[4, 21-25]。但是，这些技术专注于通用的计算任务和对移动应用计算能力的优化，并且不能满足新兴的计算密集型应用（例如 VR/AR 应用等）特有的严格延迟需求。云游戏也是一种常见的具有代表性的计算密集型应用。云游戏通过云端的游戏引擎渲染游戏内容，通过网络实时传递给终端用户。一些最近的研究成果研究了通过计算迁移技术优化云游戏场景下的数据传输，实时地为移动设备渲染高清、低延迟的云游戏。但是，新兴的计算密集型应用（如虚拟现实应用等）对于延迟的要求（如 25 ms 以下）比传统的游戏（如 100~200 ms[7]）严格得多，这是因为 VR 应用在使用过程中需要贴近眼睛使用，任何微小的延迟或者画质损失都会对用户体验造成严重的影响。

2.1.3　图像和视频处理技术

图像识别和视频处理任务也是重要的计算密集型应用。图形和视频领域的相关工作也研究了如何在资源受限的环境下进行高效率的渲染。例如，基于图像的渲染（IBR）[26,27] 是一种图像处理领域的前沿技术，可以根据以前的图像渲染新的帧和额外信息（例如新角度），基于新的位置进行图像渲染。最近一项研究[27] 提出了一种新的低延迟 IBR 算法，但是，类似 IBR 的图像处理方法在用户剧烈运动时无法保证良好的视觉效果。近些年来，一些研究人员在研究如何通过并行计算系统加速现有的编解码技术[28-30]。有些应用采用基于用户视角的渲染机制来进行全景视频的传输[31-35]。其传输优化的基本思想是：用户在观看全景视频时，同一时刻可能只会看到全景图的某一部分，因此可以削减用户观看范围之外的内容的清晰度进而降低带宽开销。这种方法会降低用户视野（field of view，FoV）之外的像素的码率。类似地，一些相关工作[36-38] 通过眼球追踪的方式捕捉眼球凝视的内容。因为人眼生理结构的特殊性，人眼看到的范围内，只有被盯着的部分是高清的，而视角周围的内容都是相对模糊的。因此，研究工作基于眼球追踪的结果，将视野凝视范围内的内容渲染为高清，降低非凝视范围内内容的清晰度，进而降低计算开销。但是，此类基于用户视角的方法在用户的眼球快速转动时，可能会因为分辨率或码率调整过程中产生的额外延迟，影响用户看到内容的画质，降低用户体验。

2.2　移动云计算技术对网络密集型应用的优化

移动云存储和流媒体服务是当今智能终端上具有代表性的网络密集型应用。移动云计算的另一个关键应用场景是移动云存储服务。通过云计算平台，移动云存储服务为移动终端提供存储、分享数据的能力。但是，移动云存储服务会带来较大的网络传输开销。同步效率是影响移动云存储服务用户体验的关键指标。用户希望发生在本地的修改操作能够迅速同步到云端和其他用户的设备上，实现高效率的数据共享和协同。许多现有工作研究了以移动云存储为代表的网络密集型应用的传输优化问题。

2.2.1　面向移动云存储服务的测量研究

许多现有工作针对企业级的云存储服务[39-42] 和个人云存储服务[15,43-49] 进行了测量研究。CloudCmp[39] 重点测量研究了面向企业的云存储服务，设计测量系统，重点测量了四款国际主流的公有云存储服务的弹性计算能力、持久性存储能力和网络服务性能。另一项相关研究[40] 对微软的 Windows Azure 平台进行了云存储性能的定量分析。相关研究[41] 工作对亚马逊 S3 服务进行了大量的测量，以阐明云存储服务是否适用于科学网格领域。类似地，文献 [42] 的工作对 Amazon Web Services 的性能进行了详细分析。然而，这些研究工作并不是重点针对个人云存储环境的，而我们的测量研究主要集中在移动/无线环境中的个人云存储服务的性能分析。

此外，还有一些其他相关工作关注分析个人云存储服务的性能。文献 [48] 通过比较几款个人云存储服务 Dropbox，Mozy，Carbonite 和 CrashPlan 的性能来分析个人云存储服务。但是，它们仅对几种特性文件类型的备份/恢复时间提供了粗粒度的分析。一些个人云存储服务在服务器端通过 REST 接口开放一些访问存储服务器的接口，Gracia-Tinedo 等人[46] 研究了个人云存储服务提供的 REST 接口的性能特征。他们在最近的一项研究工作中对 UbuntuOne 的内部结构进行了测量研究。Drago

等人[15] 对 Dropbox 进行了大规模测量，还比较了五种常用云存储服务的系统功能[43]。然而，所有这些已有的研究都只是通过黑盒测试的方式研究了桌面平台上的个人云存储服务桌面服务。Li 等人[44] 对个人云存储服务的同步流量进行了实验研究，证明了在一些场景下带宽的利用率不足，可能存在大量数据同步流量浪费。相比现有方法，本书中的研究工作主要从网络协议角度深入测量，分析了移动网络场景下，动态时变的网络状态，如往返时延（round trip time，RTT）可用带宽等对个人云存储服务同步效率的影响并设计了相关协议优化方案。

2.2.2　面向云存储服务的系统设计

一些相关工作研究了云存储服务的系统设计[50,51]，但是这些现有工作重点关注的是面向企业的数据备份场景，而不是个人云存储环境。UniDrive[52] 通过多个可用的云存储服务来加速个人云存储服务的传输性能。运行时，UniDrive 会和多个云存储服务器建立连接，通过多个并行数据流进行数据传输，提升传输效率。然而，因为 UniDrive 是通过现有云存储服务开放的 RESTful 接口实现的，因此它无法处理用户同步文件修改操作时的同步效率低下的问题。文献 [53] 中设计了一个能够自适应地推迟文件同步操作进而降低同步开销的系统——ASD。但是，ASD 无法处理在进行增量同步时产生的同步效率低下的问题。ViewBox[54] 是一种能够通过联合文件系统和同步协议来确保同步过程中数据一致性的新型系统。ViewBox 重点研究的是同步过程中数据的一致性和完备性。

2.2.3　基于内容的分块方案和增量编码技术

冗余消除技术是个人云存储服务中降低传输开销的一种关键技术。许多现有工作研究了冗余消除技术中的分块技术[55-62] 和增量编码技术[63]。分块技术中的平均分块大小会影响冗余消除的计算开销和冗余消除的能力。平均分块大小越大，则相应的分块计算开销越小，但是鉴别出冗余的能力越弱。反之，平均分块大小越小，分块的计算开销越大，但是鉴别出冗余数据的能力越强。增量编码技术中最具有代表性的是 rsync 算法[63]，它通过滑窗算法计算出两个文件之间的二进制数据差异。但是，rsync 算法是执行文件粒度的。在云存储系统中，通常会将文件切分成数据块，因此 rsync 算法不能很好地兼容个人云存储场景。

2.3　移动网络、无线网络环境传输框架

除了延迟和带宽的优化之外，许多研究工作也针对移动网络的稳定性展开了测量和研究。

2.3.1　移动网络和无线网络测量研究

许多现有工作研究了移动网络和无线网络的网络性能。Balasubra-manian 等人测量并研究了多个城市中车载环境下的 3G 网络和无线网络性能。文献 [64] 测量并对比了智能终端上的移动网络和无线网络性能随时间和地域的变化情况，Deng 等人[64] 提出了一套新型传输层链路选择框架 Delphi。当前移动终端普遍拥有无线网络、LTE、Bluetooth 等多个无线接口，然而在实际中每个应用具体应该使用哪一种接口是由用户自己来决定。Delphi 的目标是帮助用户选择最优的无线接口。具体来说，Delphi 包含三个重要模块：①本地学习模块，用于帮助移动终端评价并预测每个端口的状态；②属性分享模块，将本终端学习到的网络属性共享给周围其他终端；③链路选择模块，使得终端根据本地学习的结果以及从周围其他设备共享的网络信息进行决策，确定最终所使用的接口。在选择切换链路之前，首先要经历两个重要阶段：本地学习和属性分享，第三步才发生正式的切换动作。本地学习阶段采用被动和主动的方式获取每个无线链路的信号强度、数据网络类型（GPRS/3G/LTE）、RTT 值、DNS 查找时间、吞吐率，等等。接着，设备在本地采用随机森林分类器对每个端口进行评价。在属性分享阶段，每台设备将本地学习到的信息通过无线广播的方式与周围节点分享。由于考虑到周围节点共享的网络信息，此时对于每台设备来说就不需要在本地使用基本的贪婪算法，而是可以从全局角度计算出整个系统的最优解，即每台设备使用哪个接口可以使得最终的总性能最佳。Ding 等人[65] 首次通过大规模的测量实验分析了无线网络的型号强度与功耗、网络吞吐量之间的关联性。测量结果表明，低信号强度的移动网络或无线网络环境下，网络的传输能力会急剧降低，产生的能耗开销会显著升高。

2.3.2   网络异常处理机制

现有研究工作尝试从优化网络结构的角度处理网络异常。许多现有工作针对移动网络和无线网络中的不稳定性展开了研究[66,67]。例如，ATOM[67] 是一种能够处理网络异常的无缝切换技术，它需要在接入网络中添加一个额外的切换管理模块（interface switching service，ISS）。Cedos[66] 和 MPTCP[68-71] 在传输层研究了断连恢复问题。然而，这些现有研究的局限性在于，它们需要修改现有网络的基础架构（例如基站等）、应用接口或者内核。此外，一项最近的研究成果[72-76] 表明，在移动终端上使用 MPTCP 会带来较大的额外能耗开销，同时对移动流量的传输优化效果非常有限（例如，对常见的网页浏览仅有 1% 的传输速度提升[75]）。

2.3.3   接口选择方案

已有研究工作[76-78] 提出了无线网络环境中的无线接口选择算法，但是这些工作没有提供实际系统中的解决方案。另一些相关工作[79,80] 重点研究了特定应用在 WiFi 和移动网络之间的接口切换，但是这些研究没有考虑延迟敏感的实时交互应用。美国 Lucent 公司的 Deb 等人[77] 提出一种新型服务模型 MOTA，让用户根据不同的应用需求灵活地选择最佳的运营商网络。MOTA 基于当前网络状态提供了简明的信号强度信息，使得用户可以为手机上的每个网络接口选择合适的运营商。假设 I 是需要切换运营商的接口，A 是需要切换运营商的应用，每当用户做出一次切换运营商的决定，MOTA 会按照如下步骤进行切换：① 对于 A 中的每个应用以及 I 中的每个接口，客户端通过任一可用网络向服务聚合器发送一个 IEEE 802.21 切换初始化报文；② 对于 I 中的每个接口，服务聚合器通过 MPA 框架获取认证[81]、IP 地址以及运营商网络的资源；③ 对于 A 中的每个应用，服务聚合器使用如 MIPv6 中的快速切换机制[82] 为应用和外界网络之间建立一个通信隧道；④ 以上步骤完成后，服务聚合器为所有 A 中的应用通过 I 中的每个可用接口发送一个 IEEE 802.21 切换准备就绪报文；⑤ 客户端将 I 中的接口和 A 中的应用都切换至新的网络。Deb 等对 MOTA 进行了高达 1500 个用户的大规模部署，并分别考虑了用户全是静态的、30% 的用户处于动态的漫游场景以及所有用户都处于动态场景三种情况。总体结果是，MOTA 提升了 2.5~4.0 倍的吞吐率，且由此带来的切换延迟仅在 10% 左右。从整体性能提升的角度来看，MOTA 所带来的利大于弊。然而，该项研究工作存在的一个局限性是 MOTA 不够自动化、智能化，在链路选择过程中需要用户的参与，要求用户进行复杂的参数配置，这对 MOTA 的易用性会产生一定的影响。

第 3 章　基于移动云计算的高清、低延迟交互式虚拟现实系统

　　虚拟现实（virtual reality，VR）技术是一项利用计算机系统模拟沉浸式交互环境的视觉体验技术，应用前景十分广泛。目前 VR 技术已经在医疗、教育、娱乐等领域内有了实际应用。当今主流的高性能虚拟现实系统（例如 Oculus Rift[83] 和 HTC VIVE[84]）均属于有线 VR 系统。有线 VR 系统通过一台高性能主机进行内容渲染，通过数据线（例如 HDMI）将高清内容传输到头显设备上。虽然有线 VR 系统能够提供优良的画质和较低的交互延迟，但数据线的使用极大地限制了用户的移动性，存在潜在的绊倒风险，降低了用户体验。现有 VR 系统使用数据线传输内容的主要原因是移动设备（例如智能手机）和无线网络（例如 WiFi）无法承受高性能 VR 应用所需的计算和传输负载。为了克服现有虚拟现实系统的局限性，本书将设计并实现基于移动云计算的高清、低延迟交互式虚拟现实系统 Furion，在现有的智能终端和无线网络环境下实现高清、低延迟的交互式 VR。

3.1　背景及概述

3.1.1　VR 的发展历程

　　VR 技术的首次提出可以追溯到 20 世纪 50 年代。通常而言，VR 指通过计算机系统和传感技术为用户生成一个沉浸式、交互式的虚拟空间，是一种新兴的人机交互方式。在过去 60 年时间里，随着现代计算机技术的发展和硬件能力的不断提升，VR 技术也从原始的探索阶段发展到

了 VR 应用琳琅满目的今天。20 世纪 50 年代，莫顿·海利希（Morton Heilig）设计了一个名为 Sensorama 的虚拟剧场，通过覆盖视觉、听觉、触觉等方式提供沉浸式的交互体验。1991 年，世嘉公司首次发行名为 SEGA VR 的 VR 耳机和对应的游戏，通过显示屏、耳机和传感器追踪、响应使用者的头部动作。在同一年，世嘉推出了支持多人在线使用的大型 VR 系统 Virtuality。虽然这个体积庞大、价格昂贵的产品没有风靡全球，但却成为整个 VR 行业发展历程中的一个重要里程碑。

近年来，得益于消费级电子产品（如个人计算机、智能手机）的快速发展，VR 技术进一步得到了学术界和工业界的广泛关注，在各个行业中，VR 均有应用场景。2007 年开始，Google 公司推出 Google 街景，并很快为 Google 街景推出了 VR 模式。用户可以通过 Google 街景的 VR 模式在沉浸式的虚拟环境中浏览世界各地的街道、建筑等风景。2010 年，Oculus 公司成立，并设计和实现了头戴式 VR 显示器 Oculus Rift[83]。随后，许多科技巨头公司也纷纷进入 VR 这一战场。2014 年 Facebook 收购了 Oculus 公司。HTC 公司推出 HTC VIVE 头显设备[84]，与 Oculus 公司在高端 VR 头显市场上分庭抗礼。此外，三星公司和 Google 公司也纷纷推出了基于智能手机平台的 Gear VR 和 Daydream 移动 VR 系统。一项最近的调查研究表明，全球的 VR 市场在未来几年内可能会出现巨大增长，在 2026 年将达到约 5472 亿美元[85]。

3.1.2　VR 系统基本架构及关键 QoE 指标

通常而言，VR 系统主要包括三个核心组成部分：VR 头显设备，遥控传感器，以及渲染引擎，如图 3.1 所示。头显设备佩戴在用户头部，一方面可以追踪用户头部的姿势（例如位置信息和角度信息），另一方面头显设备也负责将渲染出的 VR 内容最终呈现给用户。遥控传感器通常包括了一系列的物理按键、触摸板、陀螺仪等传感硬件，负责接收与用户交互相关的手势操作。除此之外，一些支持社交元素的 VR 系统还可以接收通过网络从其他用户传来的交互信息。渲染引擎则负责根据用户头部的姿势信息，以及从遥控传感器搜集到的用户交互信息，渲染出每一帧 VR 内容，最终交付给头显设备并显示给用户。

VR 技术在用户体验上的终极目标，是创造出逼真的虚拟环境，提供低延迟的流畅交互式体验,同时要避免用户产生头晕等不良生理反应。
VR 系统需要实时追踪用户头部的姿势变化和来自传感设备的交互信息
输入,同时根据实时的用户输入,以高帧率持续地渲染出高清、逼真的沉
浸式虚拟画面,最终显示给用户。因此,VR 应用通常都会产生极大的渲
染计算开销,对运行 VR 系统的硬件能力有着极高的性能要求。另一方
面,相关研究[17] 表明,因为 VR 头显设备紧贴着用户双眼,因此任何实
时的性能损失(例如卡顿、掉帧等)都会对用户的使用体验造成非常大的
影响,并可能造成眩晕等不适生理反应。为了保证良好的 VR 用户体验,
参照现代人体生物学特征,VR 系统在实际运行过程中需要同时满足以下
三个关键 QoE 指标。

图 3.1　　现有 VR 系统的基本架构

(1) **快速响应**。参照人体生理结构的特点,如果人的双眼看到的内
容变化和人体内前庭器所感受到的变化不一致,大脑会产生眩晕感。因
此,在使用过程中,VR 系统必须要保证足够低的交互延迟来确保良好的
用户体验。当用户输入变化时,对应渲染出的内容也必须及时地发生变
化。用户交互的响应延迟应该控制在 10~25 ms 以内,以保证良好的交互
体验[86]。

(2) **高画质**。为了营造沉浸式的逼真环境,VR 系统需要为用户提供
非常高清且流畅的画面。因此,VR 要求渲染引擎渲染出的每一帧必须
是高画质的,同时在内容动态变化时需要保证足够高的帧刷新率(frame
per second,FPS),确保画面流畅播放。依照文献 [17],VR 系统的 FPS
至少应达到 60 才能保证画面的流畅。

(3) **移动性**。在使用 VR 的过程中,用户需要带上头显设备在虚拟的
环境中移动。头显设备如果通过数据线和渲染引擎相连接,那么在使用过
程中用户的移动性会大大受到影响,还有可能产生被数据线绊倒的危险。

因此，为了保证用户在使用过程中能够安全地自由移动，VR 系统的头显设备应该是无线的[18,19]。

3.1.3　现有主流 VR 系统及其局限性

根据头显设备和渲染引擎之间数据传输方式的不同，现有的主流 VR 系统主要可以分为以下几类。

（1）**有线 VR 系统**。这类系统通过一台高性能主机进行渲染，通过数据线将渲染内容传输到头显设备供用户观看。代表性的产品包括 Oculus Rift 和 HTC VIVE。然而，有线 VR 虽然画质高，延迟低，但是数据线在使用过程中限制了用户的移动性，影响了用户体验。

（2）**移动 VR 系统**。这类系统通过智能终端（如手机）进行渲染并呈现内容给用户。此系统中比较具有代表性的是三星公司的 Gear VR 和 Google 公司的 Cardboard。但由于智能终端计算能力有限，移动 VR 系统虽然保证了移动便携性，但是无法提供高清且低延迟的 VR 内容。

（3）**基于 60 GHz 无线网络的 VR 系统**。除了以上两种常见的消费级 VR 系统，一些最新的研究成果试图借助新兴的无线网络技术来实现无线的高清低延迟 VR。例如，一些新兴的研究成果利用 60 GHz 无线网络的高带宽特征为 VR 应用提供良好的用户体验。但是这类系统在每次使用过程都需要部署专用的 60 GHz 信号反射板，部署成本极高，实际可用性较低。

现有的 VR 系统均存在局限性，无法同时满足快速响应、高画质、移动性三个关键 QoE 指标，其用户体验仍有待提升。

3.1.4　VR 系统的渲染流程

VR 系统在执行渲染任务时，在渲染引擎内部会运行一个渲染循环。渲染循环执行过程的伪代码如图 3.2所示，运行时渲染引擎重复地进行以下几个阶段的操作：①在每一次循环的开始，首先通过头显设备和遥控传感器读取用户的头部姿势和交互信息；②VR 系统更新自身的状态信息和业务逻辑；③渲染引擎利用 GPU 等计算资源，基于当前的用户输入，渲染出对应的高清画面；④最后，将渲染出的内容传输到头显设备上，最终呈现给用户观看。本书中定义渲染并显示一帧画面所耗费的时间为每帧渲染延迟。平均每帧渲染延迟是影响 VR 系统交互过程中响应速度的重要性能指标。

```
while(true)  //VR 渲染循环
{        //第一阶段: 输入采样
        SamplePose(); //从头显设备获取姿势信息
        SampleController(); //从传感遥控器读取交互输入
        //第二阶段:状态更新
        Update(); //更新应用自身的状态信息和业务逻辑
        //第三阶段:渲染
        RenderNewFrame(){
                drawForeground(); //渲染前景交互内容
                drawBackground(); //渲染背景环境内容
        }
        //第四阶段:显示内容
        DisplayNewFrame();
}
```

图 3.2　　渲染系统中的渲染循环

3.2　VR 性能瓶颈测量与分析

VR 应用运行时产生的超高计算负载和现今移动终端、无线网络所能达到的计算、传输能力不匹配。因此，运用现有技术移除高性能 VR 系统的数据线，同时实现低延迟、高画质是一件非常有挑战的事情。为了深入理解现有移动终端和无线网络所能支持的用户服务质量和期望值之间的差距，本节通过测量实验来量化、分析、理解现有 VR 系统的性能瓶颈。具体而言，本节的测量工作重点测量和分析了通过本地渲染技术和远程渲染技术运行 VR 应用时的性能瓶颈。

3.2.1　本地渲染的性能瓶颈

一种比较直接的在移动终端上运行 VR 的实现方式是利用智能终端的本地计算资源（例如 CPU/GPU 资源）来渲染 VR 内容，然后将内容显示给用户，这种系统被称为基于本地渲染的 VR 系统。实际上，许多现有的商用移动 VR 系统，例如 Google Daydream[87] 和 Samsung Gear VR[88] 都是利用本地渲染的方式来生成 VR 内容的。但是，由于现今智能终端上的计算能力有限，现有条件下只能在智能终端上渲染低清、低画质的 VR 内容，无法同时满足 3.1.2节所述的三个基本 QoE 目标，无法营造身临其境的沉浸式用户体验[17,27]。

　　为了量化 VR 应用在现有智能终端上可获得的 QoE 和相应的系统资源消耗，本研究在最新的 Android 旗舰智能手机 Pixel 上测试了七个实际的 Google Daydream VR 应用，如表 3.1所示。其中，PolyRunner[89]，Lego[90]、vTime[91] 和 Overlord[92] 是 Google Daydream 平台上的四个应用，Viking[93]、Corridor[94] 和 Nature [95] 是 Unity 应用市场中的三个高清 VR 应用，运行画面如图 3.3所示。实验中所测试的七个 VR 应用均可以通过 Daydream 平台的遥控传感器接收用户的交互输入，并渲染对应的 VR 内容。

表 3.1　七个 VR 应用在现有智能终端上可获得的 QoE 和相应的系统资源消耗

	应用名称	BRISQUE 参数[96]	FPS	CPU 利用率/%	GPU 利用率/%
低画质的 VR 应用	PolyRunner[89]	89.19	60	36.2	68.9
	Lego[90]	59.31	52	39.3	74.4
	vTime[91]	54.48	47	41.7	70.3
	Overlord[92]	50.10	41	44.8	84.9
高画质的 VR 应用	Viking[93]	24.37	11	55.8	99.9
	Corridor[94]	26.67	9	55.5	99.8
	Nature[95]	26.67	16	59.9	99.8

　　本研究将这七个 VR 应用运行在装载 Android 7.1 操作系统的 Pixel 手机上。实验中使用计算机图形领域的 BRISQUE 参数[96] 来量化用户感知的图像质量。BRISQUE 参数是一个非参照的图像质量量化参数，一般而言，越低的 BRISQUE 值意味着对应的图像质量越高，画面中的图像内容越复杂①。

---

① 实际应用中，BRISQUE 参数没有一个具体的阈值来定义可接受的图像质量。

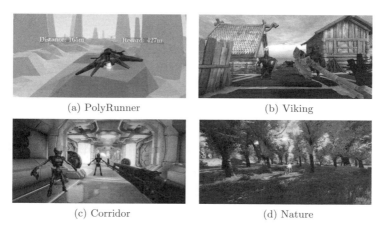

(a) PolyRunner　　　　　　　　　(b) Viking

(c) Corridor　　　　　　　　　　(d) Nature

图 3.3　　几个具有代表性的 VR 应用程序

　　VR 应用的测量结果见表 3.1。从表中可以看到，对于前四个低画质的 VR 应用而言，手机 GPU 的利用率最高可达 84.9%，同时 CPU 的利用率也超过了 40%[①]，对应的 FPS 值为 41~60。数据表明，通过现有移动终端的计算能力仅仅渲染低画质的 VR 应用就已经需要消耗大量的本地计算资源。运行三个高画质的 VR 应用时，GPU 利用率已经接近 100%，CPU 利用率在 55.8%~59.9%，但是 FPS 值仅仅能达到 9~16，远远低于 VR 应用所需的 FPS 值达到 60 的 QoE 要求。上述实验结果表明，即便是对于目前最新的消费级智能终端，VR 本地渲染所产生的计算开销仍然过于庞大，导致在现有硬件条件下，高画质的 VR 应用的每帧延迟高达 63~111 ms，远远超过了预期的保证良好用户体验所需的 16 ms，因而无法提供良好的用户体验。

　　综上所述，通过本地渲染的方式运行 VR 应用时，本地的 GPU/CPU 计算能力不足是导致 QoE 低下的关键原因。现今的移动终端无法承受渲染高画质 VR 应用所需的巨大计算开销。

3.2.2　远程渲染技术的性能瓶颈

　　本地渲染会对智能终端造成巨大的本地 CPU/GPU 计算负载。因此，另一个直接的解决方案是通过计算迁移技术，将本地巨大的渲染开销迁移到云端执行，再将渲染结果通过无线网络回传给本地终端，本书中将这

---

　　① 在本书中，CPU 利用率指的是多核 CPU 的多核平均利用率。

种渲染方式称作远程渲染技术。本质上，远程渲染方案是对计算开销和网络开销的一种权衡，因为它将计算负载通过数据传输迁移到云端，将计算负载转化为网络负载。因此，在生成每一帧 VR 内容时，远程渲染技术虽然降低了计算的延迟，但是也相应地增加了因网络传输造成的延迟。一方面，云端将高清的帧内容以流媒体的形式传输到本地，由于高清的 VR 帧体积较大，传输本身就会引入巨大的传输延迟。另一方面，在 VR 系统的渲染循环中，智能终端实时地获取用户输入，发送请求到云端进行渲染，每个请求在发送的过程中需要经受网络本身的 RTT 延迟。

因此，在远程渲染技术下，每渲染一帧的延迟可以计算为

$$T_{远程渲染} = T_{发送请求} + T_{服务器渲染} + T_{网络传输} \tag{3-1}$$

为了进一步量化由远程渲染所产生的每帧延迟以及对应的系统资源消耗，本节为表 3.1中的三个高画质 VR 应用设计了远程渲染版本。在实现过程中，利用 Google Daydream SDK 为每个 VR 应用实现了一个本地显示模块和一个远程渲染模块。本地显示模块运行在移动终端上，实时地追踪用户的姿势和遥控传感器的输入，同时发送请求到服务器端。服务器端部署在一台计算机上，收到请求后服务器端会立刻渲染当前输入信息对应的帧，然后通过无线网络回传给本地终端，最终显示给用户。

在本研究的测量实验中，服务器端软件运行在一台高性能主机上（Intel 6-core i7-6850K CPU，EVGA GTX1080 显卡，8 GB RAM，256 GB SSD），同时将本地端软件运行在 Pixel 手机上。终端和服务器端通过 802.11ac WiFi 网络进行数据通信。802.11ac 是现今消费级智能终端上可用带宽最高的 WiFi 网络，测量数据显示能在消费级手机上达到约 400 Mb/s 的 TCP 可用带宽。

表 3.2中显示了三个高清的 VR 应用在远程渲染方式下渲染每帧 VR 内容时端到端的延迟分布情况。实验结果表明，基于现有智能终端和无线网络进行远程渲染时，主要的 QoE 瓶颈包括以下两部分。

（1）**较长的传输延迟** $T_{网络传输}$。在远程渲染方式下，服务器端渲染好每一帧画面之后，通过 TCP 协议及 WiFi 网络将 VR 内容逐帧传递给终端。实验测量了终端上能够获得的 QoE。实验中，所测试的三个 VR 应用均充分利用了整个网络的可用带宽，三个应用的平均带宽消耗为 367～

384 Mb/s，但是所得到的 FPS 平均值仅有 5。表 3.2同时给出了总的端
到端延迟在每一个基本步骤上的耗时情况。从实验数据中可以看出，终
端上得到的 FPS 值低下的原因是，通过 802.11ac 无线网络传输一帧高
画质（每帧 2560×1440 个像素点，约 10 MB）的 VR 内容就已经花费了
208~216 ms 的传输时间。如果要保证 FPS 为 60 的流畅度，实际可用的
带宽至少需要增加 10 倍以上，这远远超出了现有无线网络所能够支持的
带宽。一项最近的研究成果[18] 同样证明了这一观点。实验结果表明，基
于远程渲染的 VR 如果要同时满足高画质和高 FPS，至少需要达到几个
吉位每秒（Gb/s）的带宽开销。

表 3.2　　远程渲染环境下的端到端延迟拆分情况

应用程序	服务器渲染/ms	网络延迟 (请求延迟/传输延迟)/ms	每帧数据大小/MB
Viking	11	3/208	10
Corridor	10	3/216	10
Nature	8	3/214	10

　　虽然近几年有研究提出使用毫米波的高带宽特征来支持高画质的无
线 VR [18]，但是这类解决方案需要有特殊的支持 60 GHz 的反射板。虽
然毫米波的带宽大，但是其指向性太强，基本上只能沿着直线传播，遇到
遮挡物就会迅速衰减。部署特殊的硬件反射板来解决遮挡问题会对实际
的 VR 系统的普适性、可用性造成很大的影响，导致在消费级环境下应
用困难，局限性较大。

　　（2）**网络请求延迟** $T_{发送请求}$。然而，即使网络的有效带宽可以不断增
长，极大地缩短网络传输的时间 $T_{网络传输}$，在请求新的每帧内容时发出的
请求仍然会遭受一个往返延迟。为了测量这个往返延迟，本研究设计了
一个简单的测量程序，让终端持续发送大小约为 20 B 的请求给服务器
端，然后测量客户端和服务器端 TCP 层的 ACK 报文，进而计算请求
发出和确认之间的时间差，得到发送网络请求的时延。在测量过程中需
要持续发送请求报文的原因是：在移动终端上，移动设备为了降低自身
功耗，在空闲时会进入节能状态[97]，当需要发送数据时，移动操作系统
自身需要先从节能状态切换到工作状态，而这个切换的过程会引入额外

的延迟（3∼5 ms），如果不持续地进行数据发送，唤醒延迟会对端到端请求延迟的测量精度造成影响。图 3.4 给出了实验所测量的从 Pixel 手机通过 802.11 b/g/n/ac 和 LinkSys EA6350 AP 的网关进行通信的 RTT。从图中的数据可以看出，80% 的端到端请求往返延迟处于 2∼4 ms，同时有一部分长尾延迟高达 6 ms 以上。一项最近的研究[97] 同样佐证了本研究的这一结果。这里的 RTT 主要包括大约 2 ms 的物理层传输延迟（RTS/CTS/DATA/ACK [97]），以及在整个移动操作系统层面的硬件、驱动、内核层进行传输所耗费的大约 1 ms 的延迟。系统层面的延迟主要取决于受限的硬件性能。

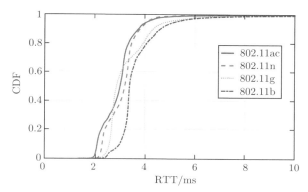

图 3.4　不同的 WiFi 网络环境下的 RTT 变化情况
端到端延迟主要包括发送请求延迟、服务器渲染延迟和网络传输延迟

　　总体而言，在现今最先进的消费级移动终端和无线网络环境下，通过远程渲染的方式运行 VR 应用，每渲染一帧画面所耗费的时间大约为

$$T_{远程渲染} = T_{发送请求} + T_{服务器端渲染} + T_{网络传输}$$
$$\quad(230\ ms)\qquad(3\ ms)\qquad(11\ ms)\qquad(216\ ms)\tag{3-2}$$

　　因此，在现今的消费级移动终端和无线网络上运行高画质、低延迟的 VR 时，其根本性能瓶颈在于网络传输延迟过长。这是因为现今的无线网络无法为高清的 VR 帧传输提供足够的带宽。

3.2.3　未来计算硬件、网络的发展无法直接解决 VR 性能瓶颈

　　前文已经通过测量实验证明了在现有的消费级移动终端和无线网络环境下，无论是本地渲染还是远程渲染都无法满足 VR 系统的高画质、低

延迟需求。随着智能硬件和无线网络技术的发展，一种推测是，只需要等待硬件水平的发展，移动 VR 的用户体验问题就能顺其自然地解决。接下来本节将从两个方面论证，仅仅依靠未来消费级智能硬件和无线网络的发展，很难直接解决移动 VR 的用户体验问题。

（1）**智能终端的硬件性能严重受到功耗的约束**。由于体积、功耗、散热等物理条件的约束，智能终端的 CPU/GPU 的运算能力在未来短期时间内很难有非常大的提升。一方面，类似桌面环境下的 CPU/GPU 发展，桌面环境下的芯片在过去几年的时间里由于功耗、散热等原因，其计算能力并没有出现迅速的提升。另一方面，移动终端的芯片由于功耗限制，其单核的计算性能相比于桌面或服务器环境下的芯片往往更低，同时核的数量也更少。

实际上，纵观过去五年的移动芯片发展历程，可以清楚地看到移动芯片上 CPU/GPU 的运算能力进展越来越缓慢，甚至停滞不前。表 3.3列出了近年来高端智能手机的 CPU/GPU 频率和核数。数据表明，大部分

表 3.3　　近年来高端智能手机的硬件发展情况

手机 (年份)	电池容量 (尺寸)	CPU	GPU
Nexus 4 (2012)	2100 mAh (4.7 inch)	四核 1.5 GHz Krait	Adreno 320 400 MHz
Nexus 5 (2013)	2300 mAh (5.0 inch)	四核 2.3 GHz Krait	Adreno 330 450 MHz
Nexus 6 (2014)	3220 mAh (6.0 inch)	四核 2.7 GHz Krait	Adreno 420 500 MHz
Nexus 6P (2015)	3450 mAh (5.7 inch)	八核 2.0+1.55 GHz Cortex-A57+A53	Adreno 430 600 MHz
Pixel XL (2016)	3450 mAh (5.5 inch)	四核 2.15+1.6 GHz Kryo (2 sm, 2 lg)	Adreno 530 650 MHz
Galaxy S8+ (2017)	3500 mAh (6.2 inch)	八核 2.45 GHz Kryo	Adreno 540 710 MHz

注：1 inch=2.54 cm。

旗舰智能手机的 CPU 核数都收敛到四核。即便是 Nexus 6P 采用了八核 CPU，实际上它有四个核经常处于休眠不可用状态，以保证自身的低功耗，避免手机过热。其次，表 3.3 中的数据表明，手机的最大 CPU 频率大多数都收敛在 2~2.5 GHz。虽然 GPU 的最大频率在缓慢地增长，但是这主要得益于手机尺寸增大，电池容量提升，因此在保证相同续航时间的前提下，功耗约束略微提升。但是，当今手机的尺寸逐步趋于一个稳定值，并且无法无限增长，所以未来功耗约束也很难有巨大的突破。移动终端 CPU/GPU 性能发展的逐渐收敛和停滞表明，仅仅等待硬件水平的发展，本地渲染很难在未来支持高清、低延迟的交互式移动 VR。

（2）下一代无线网络很难直接促成高清、低延迟的移动 VR。相比于移动 CPU/GPU 的发展，无线和移动网络技术的发展更加迅猛。表 3.4 统计了每一代 WiFi 网络和移动网络技术的峰值可用带宽的变化情况。数据表明，在过去 10 年的发展历程中，实际部署的移动网络已经从 2.5G 发展到了 3G、LTE/4G，其可用带宽的峰值也从 2.5G 网络的 384 Kb/s 发展到了 LTE 网络的 20 Mb/s。此外，从 2012 年开始筹备的 5G 网络被广泛认为将在 2020 年进行实际部署。5G 网络被认为能够提供 1 Gb/s 的峰值带宽[98]，是现有 LTE/4G 网络的 10 倍。类似地，WiFi 网络从 802.11a/b 发展到了 802.11ac，能够提供 1.3 Gb/s 的理论带宽和约 400 Mb/s 的实际 TCP 带宽，而 802.11ad 则号称能够提供 7 Gb/s 的理论峰值带宽。

表 3.4　近年来无线和移动网络技术的发展情况

类别	EDGE	UMTS	HSPA	LTE
吞吐量理论值 /(Mb/s)	1	7.2	42	100
吞吐量实际值 /(Kb/s)	384	2	10	20
类别	802.11b	802.11g	802.11n	802.11ac
吞吐量理论值	11 Mb/s	54 Mb/s	600 Mb/s	1.3 Gb/s
吞吐量实际值 /(Mb/s)	6	20	100	400

然而，即便下一代无线网络号称能够提供几个吉位每秒（Gb/s）的带宽，本研究认为下一代网络难以直接促成高清、低延迟的移动 VR 应用，因为过高的带宽会导致非常高的数据包处理开销，而这些处理开销会超过移动 CPU 所能承受的计算上限。

事实上，高吞吐量的数据传输会产生非常大的数据包处理开销，主要因为数据包的处理会在网络协议栈中产生大量的中断操作[99]。数据包的处理会占用大量的 CPU 资源。前述内容中已经提到，移动 CPU 的计算能力很难在短期内有跳跃式的发展。因此，在短期内，移动 CPU 的发展可能会难以跟上移动无线网络的发展。

为了进一步量化在移动终端上具体有多少 CPU 资源耗费在了网络的数据包处理上，本研究在最新的 Pixel 手机上通过实验测量了移动终端 CPU 的利用率随着 TCP 吞吐量的变化情况。实验采用 802.11ac 网络，利用 Pixel 手机竭尽全力通过 TCP 协议从服务器上下载数据。在服务器上利用 Linux 工具 tc 来调整端到端的峰值可用带宽，进而在不同的带宽消耗环境下测量实际的 CPU 资源消耗情况。

图 3.5给出了移动 CPU 的利用率随着 TCP 吞吐量增长的变化情况。从数据中可以观察到，当实际 TCP 带宽达到 400 Mb/s 的时候，Pixel 手机的峰值平均 CPU 利用率已经达到了大约 27%。平均 CPU 利用率随着 TCP 实际吞吐量的增长近似于线性增长。如果要在远程渲染的技术下达到低延迟，那么需要的可用带宽至少应该是几个吉位每秒（Gb/s），但是如此高的带宽开销将会引入大量的 CPU 开销，这是现今的移动 CPU 在短期内难以支持的。

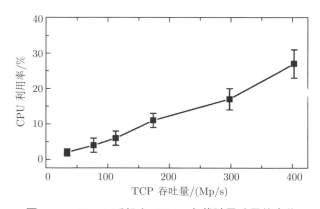

图 3.5　Pixel 手机上 CPU 负载随吞吐量的变化

当 TCP 带宽达到 400 Mb/s 时，手机 CPU 的利用率已经达到了大约 27%

本节的测量和分析表明，单纯地等待未来的移动硬件发展和下一代无线网络的发展难以直接解决移动 VR 的用户体验问题。因此，本研究认为，需要借助软件层面的创新来支持移动智能终端上的高清、低延迟交互 VR。

3.3　Furion 系统设计

为了提升现有 VR 应用的用户体验，在现有的智能终端和无线网络环境下实现高清、低延时的交互式 VR，本研究设计并实现了 Furion 系统。接下来，本节将介绍 Furion 系统的详细系统设计。

3.3.1　关键技术

Furion 的系统架构设计建立在若干 VR 相关的关键特征上。本研究通过分析市面上的主流 VR 应用，得到了以下几个优化移动交互式 VR 的 QoE 的重要发现。

（1）对于绝大部分的 VR 应用而言，所渲染的 VR 内容可以被拆分成前景交互和背景环境。例如，图 3.3中展示的 VR 应用中，图 3.3(a) 中的飞行器、图 3.3(b) 中的斧子和图 3.3(c) 中的敌人，都属于与用户交互直接相关的交互前景，它们的动画效果会根据用户遥控器的输入而改变。而背景环境则是构成虚拟世界的主要部分，覆盖所看到内容的绝大部分。

（2）前景交互是根据用户控制遥控器，或者多人应用中的其他玩家发来的信号来发生改变的。因此，前景交互的改变是随机、突发，并且难以预测的。

（3）相反，背景环境是根据用户的移动来改变的，因此背景环境的变化是连续并且可预测的。但是，在任意一个位置，因为用户可能会任意地转动头部，转动的角度也是随机的。即使背景环境中的物体自身没有改变，但是每帧中显示的画面也会因为观察角度的改变而发生对应的变化。

（4）分别对渲染前景交互和背景环境所消耗的系统资源进行量化分析。本节重点研究了图 3.3中所示的三个高清 VR 应用在渲染前景交互内容和背景环境内容时的计算负载。具体而言，本节为每一个应用构建两个版本，分别只渲染其中的前景交互内容和背景环境内容，并通过实验测量每个应用、每个版本的每帧渲染时间和对应的 CPU/GPU 资源占用情况。表 3.5中统计了对应的实验结果。实验结果表明，只渲染前景交互时，每一帧画面仅仅消耗 12~13 ms 的时间，消耗 29%~40% 的 CPU 资源和

20%～22% 的 GPU 资源。与之相反，仅仅渲染背景环境时，每帧渲染时间达到 61～104 ms。因此，在完整地渲染一帧 VR 场景时，渲染背景环境所产生的开销要远远大于渲染前景交互所产生的开销。

表 3.5　只渲染前景或者后景时的每帧渲染时间（TPF）和 CPU/GPU 利用率

应用程序	只渲染前景交互			只渲染背景环境		
	TPF/ms	CPU 利用率/%	GPU 利用率/%	TPF/ms	CPU 利用率/%	GPU 利用率/%
Viking	13	29	22	82	42	95
Corridors	13	40	22	104	53	83
Nature	12	32	20	61	56	82

就渲染时所产生的系统开销而言，渲染前景交互要比渲染背景环境更简单一些。这是因为在高质量的 VR 应用中，背景环境中包含更多的高清而逼真的物体、光影效果、纹理细节，例如图 3.3 的背景中显示的复杂的建筑等，这些复杂的环境会造成很大的计算开销。

3.3.2　架构设计

基于以上基本思想，本研究设计了 Furion 系统，Furion 系统是基于现有的移动智能终端硬件设备和移动网络实现的高清、低延迟交互式 VR 系统。图 3.6 展示了 Furion 系统的架构和基本工作流程。在高层次上，Furion 系统包括客户端和服务器端两部分，通过客户端和服务器端协同渲染 VR 内容并最终呈现给用户。

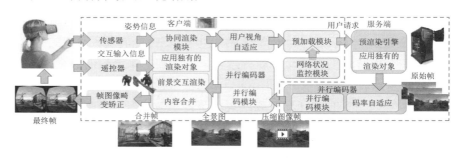

图 3.6　Furion 系统架构和基本工作流程

Furion 系统通过客户端和服务器端上的计算资源协同渲染 VR 的前景交互和背景环境，通过无线网络传输将两部分渲染内容在移动终端上合并，最后显示给用户客户端的传感器模块负责追踪用户的姿势信息，包括位置和角度信息。同时遥控器模块负责将用户的交互输入信息采集起来。客户端部分最核心的模块是协同渲染模块，它将整体的 VR 开销分割成本地部分和远端部分，并将远端部分传输到服务器端进行计算。具体而言，客户端利用本地的计算资源直接在本地渲染用户的前景交互内容，通过预加载模块提前将未来一段时间内可能用到的帧提前加载到本地，再由本地的并行解码模块加速解码。最终，本地渲染的前景交互和由服务器端远程渲染的背景环境在移动终端上进行融合，最终呈现给用户。

服务器端部分则主要包括一个通用的渲染背景环境的渲染引擎，为了降低端到端的延迟，渲染引擎会提前预渲染好每一个位置所需要的一张全景图帧。运行时并行编码器会将每一个全景图帧切分成四个子帧，利用 H.264 进行编码。除此之外，在进行数据传输时，本研究设计了一个动态码率自适应模块，根据当前的网络环境自适应地调整背景环境在传输过程中的码率，以满足在各式各样的网络环境下的低延迟要求。

3.3.3　协同渲染机制

根据以上在 VR 应用上的渲染负载的可预测性和计算开销方面的测量和分析，本节提出了 Furion 系统的协同渲染机制。Furion 系统的基本思想是同时利用客户端和服务器端来协同进行 VR 内容的渲染。其协同渲染机制主要包括以下几个核心步骤：

（1）将 VR 渲染负载拆分成渲染前景交互和渲染背景环境两个部分；

（2）利用本地的移动 GPU 来渲染前景交互部分；

（3）通过服务器端的渲染引擎来预渲染和预加载背景环境；

（4）在移动终端上将前景交互和背景环境合并，并且最终呈现给用户。

使用协同渲染的关键优势主要有以下三点：①通过计算迁移，将大部分计算开销通过无线网络传递到服务器端执行；②通过预渲染和预加载过程，规避了网络传输所带来的额外延迟；③本地渲染随机且难以预测的前景交互内容（难以预渲染和进行预加载），可以避免实时交互遭受较大的网络延迟。

因此，通过协同渲染，假设背景环境能够及时地被加载到本地，每渲染一帧的延迟现在可以降低到：

$$T_{协同渲染} = \max(T_{本地渲染前景}, T_{本地解码背景}) + T_{合成前后景} \qquad (3\text{-}3)$$

约束条件: 假设背景环境能够及时被加载到本地

协同渲染需要增加一个额外的合成步骤, 即在终端上将前景交互和背景环境合并进而生成最终的画面帧。在实际的渲染系统中 (例如 OpenGL ES), 像素数据都是先被渲染, 然后填充在一个帧缓存中。在 Furion 系统的协同渲染机制下, Furion 系统将渲染缓存中由本地渲染好的前景交互和从服务器端传回来的背景环境合并, 并最终交付给显示模块显示在屏幕上。

3.3.4　预加载和预渲染机制

在之前的协同渲染框架中, 本研究假设每一帧背景内容都可以按时从服务器端预加载。然而, 在实际的系统中, 直接将预加载加入到 VR 系统中会遇到两个关键的挑战。第一, 因为用户是可以任意移动并且转动的, 所以未来一小段时间内可能用到的背景帧可能有无数种。第二, 将大量的高清背景帧传输到本地终端本身就会耗费大量的带宽资源。要在很短的时间内预加载完成高清背景帧本身也是一件非常有挑战的事情。为此, 本研究设计了一系列的优化方案来解决上述两个技术挑战。

1. 利用移动时延来预加载背景帧

在虚拟世界中, 整个环境是离散化的, 通过一个巨大的网格呈现, 如图 3.7 所示。在虚拟世界中的移动本质上就是在不同的位置节点之间进行位移。Furion 系统中将相邻的两个位置节点之间的距离定义为 "密度"。直观上来看, 密度的大小决定了在网格节点中进行移动时的流畅程度。例如, 当密度足够小的时候, 在网格中逐节点进行移动时视觉上会更加流畅。此前有研究表明, 对于 VR 应用来说, 虚拟世界中的密度达到 0.02 m 以下时 [17], 在虚拟世界中进行移动时人眼所看到的景象在感官上是连续的。

离散化的虚拟世界使得在两个相邻的网格节点之间进行移动时会有一个移动时延。例如, 假设密度为 0.02 m, 而人的移动速度为 1 m/s, 那么移动一格的时间在 20 ms 左右。也就是说, 在移动到下一个节点之前, 端系统有 20 ms 左右的时间可以提前预加载在下一个节点可能用到的背景帧。因此, 用户移动所造成的时延窗口为预加载提供了时间, 只要能够在这个时间窗口之内计算并且预加载好下一个节点会用到的背景帧，就可以在下一个节点到达之前预先获得需要展示的内容，规避因网络传输所导致的额外延迟。

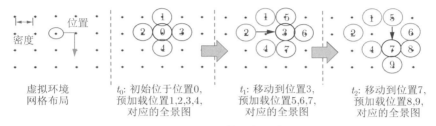

图 3.7　预加载过程示意图

2. 使用全景图来封装在每一个位置节点上所有可能方向上的内容

在通常的 VR 系统中，一个用户的姿势包括了位置信息和角度信息。对于位置信息而言，由于用户仅仅向前后左右四个方向移动，所以未来可能达到的位置节点数量有限。但是，在任意的一个位置节点，用户可以自由地旋转任意角度，所以可能看到的内容会因为旋转角度的不同而变化剧烈。因此，预测未来可能到达的角度信息是非常困难的。为了克服这一困难，Furion 系统为每一个位置节点预渲染一张全景图，全景图覆盖了当前位置的 360° 角度的所有信息。对任意一个位置，无论是哪个角度上的内容，都可以通过裁剪全景图得到。借助预渲染的全景图，Furion 系统在移动过程中，当用户移动到某个位置上时，系统会预加载周围的所有未来位置上对应的全景图。

3. 预加载相邻位置节点上的全景图

对于任意一个位置节点而言，未来一步范围内可能到达的节点有四个。但是，由于用户移动具有一定的随机性，很难准确地预测下一步到达的是四个方向上的哪一个。因此，为了避免错误预测导致用户体验的降低，在用户到达任意一个节点时，Janus 系统的客户端向服务器端发出请求，预加载周围四个可能到达的位置节点所对应的全景图。

如图 3.7 所示，实际上在移动的过程中（不包含初始时刻），每一次预加载所需要下载的帧至多为三个。假设在初始的 t_0 时刻，用户的位置为 0，此时会预加载好位置 1,2,3,4 对应的全景图。假设在 t_1 时刻用户移动到了位置 3，此时终端会向服务器端发出请求，预加载位置 5,6,7 对应的全景图。类似地，假设 t_2 时刻移动到了位置 7，那么此时会开始请求位置 8,9 对应的全景图。已经被预加载过的全景图会被临时存储在本地缓存中，避免重复预加载，进而降低预加载的延迟和网络传输的开销。

4. 利用视频编码压缩物理位置上临近的全景图

对于物理空间内的每一个位置节点来说，为每一个位置渲染一张全景图，而不是为每一个可能的方向都渲染一帧画面，这已经大大降低了所需要的帧的数量和大小。例如，假设在任意一个位置上，有 N 种可能的角度，每一帧普通帧的开销为 10 MB。那么在下一时刻，用户可能出现的位置有五个，即当前位置和前后左右四个方向上的位置。所以，使用普通帧进行渲染时，需要预加载的总帧大小为 $5 \times N \times 10$ MB。而用全景图进行预加载时，因为每一个位置对应一个全景图，在缓存走过的全景图的前提下，下一时刻可能用到的全景图大小是 3×31 MB，因为可能到达的新的位置至多为周围三个位置，而每一帧全景图的大小要比原始帧更大，约为 31 MB，如表 3.6 所示。最后，Furion 系统利用相邻的全景图内容相似的特点，通过视频编码技术对需要加载的临近全景图进行压缩。将每次需要预加载的全景图编码为 P 帧，最终每次需要预加载的全景图大小约为 133 KB。

表 3.6　不同预加载技术的传输数据量对比

预加载方法	在一个时间窗口内 (d/v) 需要加载的数据量大小
原始方法	$5 \times N$ 帧 ($5 \times N \times 10$ MB)
全景图	$\leqslant 3$ 全景帧 (3×31 MB)
全景图 + 视频压缩	每个视频 (300~400 KB)

利用视频编码技术将每次需要预加载的全景图进行压缩，能够大大降低需要预加载的数据大小。此外，传统的视频编码技术主要是针对视频设计的，因此，一般情况下传统编码技术的帧之间存在关联性。这会导致在解码过程中，必须要完成解码前一帧的数据，才能成功地解码后一帧的内容。但是，在预加载策略下，每次预加载的几帧全景图，可能只有其中某一帧会被解码，因为用户的移动是随机而不可预测的，所以在解码之前

并不知道预加载的哪一帧会被用到。在这种环境下，传统的编解码方式无法适应交互式 VR 的随机移动场景。因此，Furion 系统修改了传统编码器的编码方式，设计了一种直接编码方法，将预加载的全景图编码为已经预加载的全景帧的增量，即已经预加载的帧编码为 I 帧，正在预加载的几个全景图编码为 P 帧，并且和 I 帧之间进行直接关联。这样，预加载之后，要用的任何一个 P 帧都可以利用已有的 I 帧进行解码，不会影响 VR 应用的交互式特征。本书把这种编码方案命名为直接编码技术。在移动终端上，解码一帧 P 帧消耗的时间大约为 45 ms。

　　延迟降低效果。本研究在 Pixel 手机上通过 802.11ac WiFi 网络从服务器端预加载全景图。本研究测试了三个高清的 VR 应用，同时利用直接编码技术对预加载的全景图进行压缩。表 3.7 统计了预加载过程中每一个子步骤的耗时。一方面，发送请求，预加载未来可能用到的全景图可以在 13 ms 时间内完成，比用户在相邻的位置节点之间移动的 20 ms 移动延迟更低。因此，借助预加载和预渲染技术，Furion 系统可以满足公式 (3-3) 中的预加载延迟要求：

$$\text{约束条件:} \underset{(3\text{ ms})}{T_{\text{发送请求}}} + \underset{(10\text{ ms})}{T_{\text{网络传输}}} \leqslant \underset{(20\text{ ms})}{T_{\text{移动到下一个网格节点}}} \tag{3-4}$$

另一方面，本研究观察到随机解码任意一张全景图耗费的时间在手机上大约为 45 ms，高于原始帧的 16 ms 的解码时间。这是因为全景图包含了 360° 视角的内容，包含了比原始帧更多的信息量。接下来将介绍并行解码技术，它可以降低移动终端上的解码时间，进而满足交互式高清 VR 的低延迟需求。

表 3.7　预加载技术下的延迟拆分情况

加载类型	操作	时间/ms
按需加载	本地渲染前景	13
	本地解码	45
预加载	发送请求	3
	网络传输	10
	移动到下一个网格节点	20

3.3.5 并行解码技术

为了提升全景图的解码效率,降低每帧全景图的解码延迟,本研究设计了一种并行解码技术,利用移动终端上的多核 CPU 架构对解码过程进行加速。首先,在服务器端,Furion 系统将原本的高分辨率的全景帧切分成四个分段,每个分段包含的像素点为原始全景图的 1/4,并且每一个分段包含一个时间戳,用来标识其在原始视频流中的位置信息。经过切分处理,原始的全景图序列就变成了四个分段序列。在服务器端,Furion 系统使用视频压缩技术将每个分段序列分别压缩成独立的视频流。当视频流被预加载到本地时,客户端会利用手机上的多核架构对视频流进行解码。一般情况下,每一个核上运行一个独立的分段解码线程能够达到最佳的视频解码效果。客户端的解码模块在实际运行中同时开启四个解码线程,从不同的分段流中读取和解码分段。考虑到不同的解码线程的解码速度可能存在差异,而解码速度的不一致可能导致解码后的内容在显示时发生不同步、错位现象,因此,Furion 系统维护一个分段的缓存,每一个线程会将成功解码的分段暂存在缓存中。等到四个解码线程都完成解码任务后,在缓存中合并四个分段的内容,解码线程再开始读取和解码下一个分段。被组合、拼接的分段会在终端上生成原始的全景图,最后显示在屏幕上。

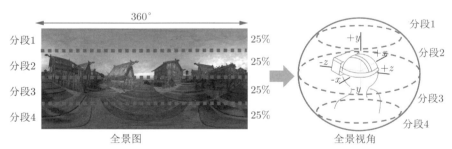

图 3.8　Furion 系统的并行解码模块将一张全景图切分成多个分段,利用多核技术进行并行解码

3.3.6 背景环境码率自适应

至此,本节已经介绍了 Furion 系统的协同渲染模块、预渲染模块和并行解码模块。此前介绍的几个模块要求 Furion 系统运行在网络状况非常好的环境下，因为预加载的过程中需要下载许多高清的全景帧，会占用大量的网络带宽资源。然而，在实际系统中部署时，网络状况可能会发生变化，例如当服务器端被部署在一台远程的服务器上时，终端和服务器之间的带宽和延迟可能发生变化。一旦带宽降低，延迟升高，在现有的系统设计情况下可能会发生预加载不及时的现象，导致背景无法及时生成，交互延迟增大，大大降低用户体验。

为了提升 Furion 系统在变化的网络环境下性能的稳定性，本节提出了基于网络状况和用户视角的背景环境码率自适应模块。其基本思想是，当网络延迟升高时，预加载更多周围的全景帧，进而容忍高延迟环境。另外，考虑到在系统运行过程中，Furion 系统使用的全景图在同一时刻只有一小部分会被用户观看。所以，当网络带宽不足时，Furion 系统降低视野范围之外的 VR 内容的码率，进而降低网络开销，保证背景播放的流畅度。

Furion 系统所使用的背景环境码率自适应算法如算法 3.1所示。在实际运行中，Furion 系统基于历史 RTT 的测量值计算平均值，估测当前网络的 RTT。然后根据当前的拥塞窗口大小 cwnd 和 TCP 报文大小 Segment_size 估算当前可用带宽值为 $\dfrac{\text{Segment\_size} \cdot \text{cwnd}}{\text{RTT}}$。基于预测的带宽，选择当前带宽能够支持的最大码率。在选择码率时，会根据用户的当前视角，优先降低视角范围外的 VR 内容的码率。最后，以当前位置为中心，预加载周围 2 RTT 范围内的全景帧，保证在高延迟环境下，未来需要使用的全景帧也能够按时被预加载到本地，降低协同渲染模块的延迟。算法 3.1提升了 Furion 系统的灵活性，使得 Furion 系统能够在各种网络环境下灵活地进行码率自适应调整，确保在各种网络环境下的 VR 用户体验。

算法 3.1　基于用户视角和网络状况的背景环境自适应算法

1: **while** true **do**
2:　　估测当前网络 RTT
3:　　估测当前网络可用带宽 $\dfrac{\text{Segment\_size} \cdot \text{cwnd}}{\text{RTT}}$
4:　　根据当前用户视角，选择当前带宽能支持的最大码率
5:　　预加载以当前位置为中心，周围 2 RTT 范围内的全景帧
6: **end while**

3.4　Furion 系统实现

本节介绍 Furion 系统实现的细节，以及 VR 应用开发人员如何使用 Furion 系统框架实现高清、低延迟的交互式移动 VR。

3.4.1　Furion 系统的使用方法

本节基于 Unity 开发平台和 Google Daydream SDK 实现了 Furion 系统。Furion 系统作为一种开发框架，能够提供给 VR 应用开发者使用，使得应用开发者能够通过简单易用的方式将 VR 应用移植到 Furion 系统上，实现高清、低延迟的交互式移动 VR。在介绍 Furion 系统的具体实现细节之前，先介绍 Furion 系统的使用方法，即 VR 应用的开发者如何基于 Furion 系统实现 VR 应用程序。

（1）Unity 平台简介

一般情况下，VR 应用程序是通过虚拟环境的建模工具或者游戏集成开发环境进行开发的。Unity 是现今主流的游戏开发集成开发环境。本研究基于 Unity 平台实现了 Furion 系统的大部分功能。图 3.9(a) 显示了 Unity 中开发应用程序的基本流程。Unity 提供了所见即所得的开发环境，允许开发人员以拖拽的形式编辑自己的 3D 模型。所有的 3D 模型在 Unity 中都是被囊括在一个称作场景（scene）的容器中。在场景中包含许多开发者自定义的可编辑对象，开发人员可以对这些对象进行编辑，改变其形状、问题、色彩，并且可以为每个对象增加脚本，设计业务逻辑。在编译过程中，Unity 会将这些可见的对象和脚本转化为底层的原生代码，并最终编译成可执行文件，在终端设备上运行。

（2）基于 Furion 系统的 VR 应用开发模式

Furion 系统为开发人员提供了一种简单易用的 VR 应用开发方式。图 3.9(b) 和 (c) 分别显示了如何通过 Furion 系统开发 VR 应用的客户端和服务器端。具体而言，本研究实现了将协同渲染模块、预加载模块和预渲染模块都添加成 Unity 中的预设。类似于代码库，Unity 的预设中包含了一些模块化的功能，可以被开发者重复使用。因此，要使用 Furion 系统，VR 开发人员只需要将 Furion 系统的预设导入它们的工程项目即可。

此外，本研究将并行编解码模块实现成为一个 C 语言库，对于开发者而言，在编译过程中需要将源码和并行编解码代码库进行链接，就可以生成最后的可执行文件。

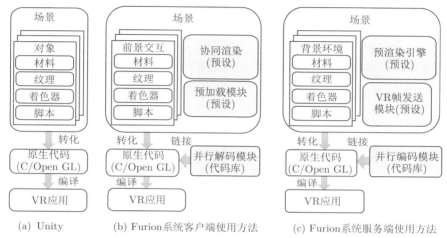

图 3.9　基于 Furion 系统实现高清、低延迟交互式 VR 的使用方法

开发者只需要在 VR 应用中添加 Furion 系统的几个关键模块的预设并设置相关参数，分别编译出客户端和服务器端模块即可

3.4.2　Furion 系统主要模块的实现

（1）协同渲染模块

在 Furion 系统中，协同渲染模块调用本地的 GPU 渲染前景交互内容，然后将服务器端渲染的背景环境内容填充到前景周围。本研究利用 Unity 的 API 实现了一个 Unity 中的预设，能够从外部播放器中加载解码出的帧，然后填充在由 GPU 渲染的 3D 物体的周围作为背景环境。通过这种方法，Furion 系统将前景和后景进行合并并交给显示模块。协同渲染模块的具体实现大约包含了 1900 行 C# 代码。

（2）预加载模块

为了实现预加载模块，Furion 系统实现了一个 Unity 中的预设，它能够计算用户的当前位置信息，同时计算可能到达的周围位置。本研究设计了一组全景摄像头实现预渲染功能。在服务器端进行预渲染时，在任意一个位置上，Furion 系统会渲染一张包含 3840×2160 像素的全景图。Furion 系统运行时，这些全景图会作为背景环境被预加载到本地。预加载模块和预渲染模块的实现包含了大约 2100 行 C# 代码。

（3）并行编解码模块

Furion 系统的并行编解码模块主要实现两个功能。第一，在服务器端，并行编码模块需要将一张完整的全景图切成四个子部分，分别进行编码。第二，在客户端，并行解码模块要快速地对预加载的背景环境进行解码、拼接，并生成最终的画面显示给用户。本书在 ffmpeg[100] 和 x264[101] 源码库的基础之上进行扩展，修改了原有解码系统顺序解码的逻辑，实现了并行解码功能。为了在客户端对解码出的四个子段进行同步，Furion 系统内部为每一个分段实现了一个解码线程，每个解码线程负责解码 1/4 帧的内容，并额外设计了一个合并线程进行统一调度。当四个解码线程都完成了解码任务时，合并线程将四个子部分的内容合并，生成完整的全景帧。除此之外，Furion 系统还实现了一个独立的网络传输模块，将服务器端压缩过的全景帧通过 TCP 传输到本地。整个并行解码模块的实现基于 ffmpeg 和 x264，大约修改了 1100 行 C# 源码。

（4）码率自适应模块

Furion 系统的背景码率自适应模块部署在服务器端，基于 HLS[102] 协议实现，运行在 Nginx 服务器上。具体而言，本书为每一帧的每个子帧设置了四种可选码率 40 Mb/s，20 Mb/s，10 Mb/s 和 5 Mb/s。系统运行时，码率自适应选择模块会根据当前的网络可用带宽为每一帧的每个部分选择最合适的码率，保证最优的用户体验。

（5）传感器和畸变矫正

本书通过 Google DayDream SDK 实现 VR 系统的传感模块和畸变矫正模块。具体而言，传感模块负责读取头显设备和遥控传感器的用户输入信息，畸变矫正模块负责将合并后的 VR 帧内容转化成适合人眼近距离观看的版本。

3.5　系 统 评 估

3.5.1　实验环境设置

本研究将 Furion 系统的服务器端运行在一台强计算机上，将系统的客户端运行在搭载有 Android 7.1 并且有 Google Daydream 支持的 Pixel 手机上。客户端通过 802.11ac WiFi 和服务器端相连接。在本研究的实验环境下，802.11ac 无线网络能够提供大约 400 Mb/s 的可用带宽。本节将主要通过前面所述的三个高清 VR 应用（Viking[93]，Corridor[94]，和 Nature[95]）来评估本系统的有效性。

针对每个应用，本研究都为它们修改了三个版本：①纯本地渲染版本（mobile）：通过本地的移动 CPU/GPU 资源来对 VR 内容进行渲染；②远程渲染版本（thin-client）：通过 WiFi 网络将所有的渲染任务都迁移到服务器上执行，回传的帧内容通过 H.264 进行压缩，客户端解压帧内容之后显示给用户；③Furion 系统支持的版本：利用 Furion 系统，通过移动终端和服务器上的计算资源，协同地对 VR 内容进行渲染，并最终呈现给用户。在本实验中重点考虑的是在消费级移动终端和无线网络环境下对交互式 VR 系统的优化方案。因此一些已有的研究成果，例如 MoVR[18,19]，由于它们需要特殊的 60 GHz 的反射板硬件支持，所以无法直接应用于现有的智能终端上。类似地，例如 FlashBack[17]，由于其没有考虑用户通过遥控器的交互内容，因此这里也不参与对比。

3.5.2　性能指标评估

（1）图像质量

本研究利用结构相似性（structural similarity，SSIM）指标[103] 来量化端系统最终获得的图像质量。SSIM 指标是一个视频图像领域常用的用来量化图像质量的指标，它一般用来评估最终的视频质量与原始的视频质量之间的图像质量损失。例如，假设原始图像的质量是 A，最终获得的图像质量是 B，那么 SSIM 值是一个介于 0 和 1 之间的描述 B 和 A 相似度的性能指标。如果 SSIM 越接近 1，意味着 B 和 A 的相似度越高，图像质量衰减越弱，最终获得的图像质量越好。反之，如果 SSIM 越接近

0，意味着 B 和 A 的相似度越低，图像质量损失越大，最终获得的图像画质越低。在本实验中，选取由高端计算机渲染的 VR 画面为原始参照物，选取不同版本 VR 系统的终端上最终获取的帧作为用户感知的内容，然后计算用户最终感知的图像和原始图像之间的 SSIM 值。实验中的每一帧画面的分辨率均为 2560×1440 像素。

　　表 3.8 统计了不同实现方式下高清 VR 应用能够获得的图像质量。对于本地渲染系统来说，SSIM 值为 0.812~0.834，图像质量不高。本地渲染的画质低主要是因为本地渲染的计算开销过于庞大，在 Android 系统的渲染系统中，质量管理器在计算量过大时会关闭一些渲染的功能，例如抗锯齿和色彩衰减，这些功能的关闭会使得最终渲染出来的画质的逼真程度受到影响（图 3.10）。远程渲染系统和 Furion 系统的 SSIM 值均为 0.927~0.944，因为这两者的服务器端输出的内容均通过 H.264 进行了压缩和解压缩。高于 0.9 的 SSIM 值意味着高画质的内容[5]。

表 3.8　　不同实现方式下高清 VR 应用能够获得的图像质量（SSIM）和平均 FPS

应用（实现方式）	图像质量（SSIM）	平均 FPS
Viking（本地渲染）	0.812	11
Corridor（本地渲染）	0.834	9
Nature（本地渲染）	0.833	15
Viking（远程渲染）	0.927	36
Corridor（远程渲染）	0.933	34
Nature（远程渲染）	0.944	37
Viking（Furion）	0.927	60
Corridor（Furion）	0.933	60
Nature（Furion）	0.944	60

　　注：相比本地渲染和远程渲染方式，Furion 系统能够在现有智能终端和无线网络环境下获得更高的画质和更高的 FPS。

（2）帧刷新率（FPS）

　　为了提供顺畅而逼真的体验，系统必须提供非常高的帧刷新率以保证良好的用户体验。表 3.8 统计了三种不同实现方式下高清 VR 应用的帧刷新率表现。数据表明，本地渲染系统所能支持的 FPS 值最低，为 9~15。

远程渲染系统在计算迁移和压缩技术的支持下，能够支持 34~37 的 FPS。而 Furion 系统可以提供大约 60 的 FPS。注意到，FPS 最高为 60 并不是受到 Furion 系统实现的限制，而是因为现有移动终端的屏幕刷新率的上限为 60 Hz。

(a) 本地渲染得到的图像效果　　　　　　(b) Furion 系统渲染的图像效果

图 3.10　　不同系统渲染的图像质量

（3）交互响应

参考相关研究[17] 中的定义，本书将系统的响应性定义为：从接收到用户的输入信息开始，到用户操作对应的帧被渲染完毕所经历的时间。本实验测量了三个不同的高清 VR 应用，针对三种常见的 VR 操作，具体测量了应用的：①通过遥控器进行交互的响应延迟；②转动头显设备时的转动延迟；③运动（例如前后左右移动）过程中的位移延迟。

图 3.11~ 图 3.13 中分别给出了关于响应性的测量结果。实验结果表明，相比其他两种系统，Furion 系统在三种测试 VR 应用上可以有效地降低用户操作过程中的响应延迟。具体而言，Furion 系统可以获得大约 14 ms 的遥控器交互响应延迟，大约 1 ms 的转动头显设备时的转动延迟，以及低于 12 ms 的运动过程中的位移延迟。在 Furion 系统中，转动延迟要低于交互延迟和运动延迟，这是因为在转动过程中，任何一个角度的最终画面都可以由当前位置的全景图进行裁剪而得到。而裁剪过程在内存中已经解码的全景图上执行，裁剪过程可以非常快，因此延迟很低。

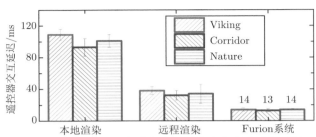

图 3.11　　VR 应用在进行交互时产生的用户感知延迟

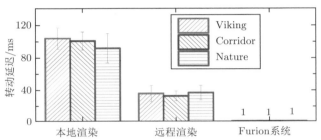

图 3.12　　VR 应用在转动头显设备时产生的用户感知延迟

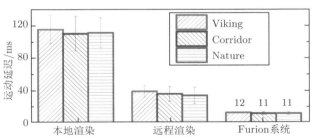

图 3.13　　VR 应用在移动时产生的用户感知延迟

3.5.3　应用相关的可扩展性评估

接下来本节将评估与应用特征相关的可扩展性，也就是 VR 系统所支持的动态对象的可渲染数量。因为视野范围内用户可见的动态对象对于营造 VR 系统中身临其境的效果有至关重要的作用，因此一般而言能够支持的动态对象越多，VR 系统能够呈现的逼真效果越好。

实验修改三个应用中的动态对象的数量，同时测量系统在支持不同数量的动态对象情况下的 FPS 指标。图 3.14 显示了 Viking 对应的实验结果，其他两个应用的实验结果因为篇幅限制暂时省略。通过实验结果可以发现，在本地渲染和 Furion 系统中，FPS 随着动态对象数量的增加而下降，这是因为渲染动态对象需要耗费系统的 GPU 资源，资源占用越多对应的延迟越大。远程渲染的 FPS 不受动态对象数量的影响，这是因为所有的计算开销都被迁移到服务器端执行了。在动态对象数量上升时，Furion 系统仍然能够获得所有系统中最高的 FPS，例如在同时渲染 10 个交互式动态物体时，其仍然能够保持 60 左右的 FPS。

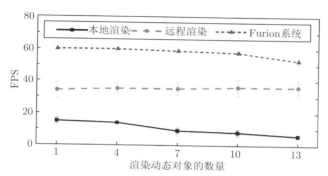

图 3.14 Viking 渲染不同数量动态对象情况下的 FPS 指标

3.5.4 资源消耗情况

本节将测量 Furion 系统在支持上层应用时的资源消耗情况。

（1）CPU/GPU 资源利用率

本实验首先测量系统的 CPU/GPU 资源利用率和运行过程中的网络带宽使用情况，实验结果如表 3.9 所示。实验观察到，Furion 系统在 Pixel 手机上运行时，大约消耗 62%～65% 的 CPU 资源和 33%～37% 的 GPU 资源，同时上层支持的三个高清 VR 应用均的 FPS 可以达到 60。

表 3.9 不同 VR 应用在 Furion 系统支持下的系统开销

应用程序	CPU 利用率/%		GPU 利用率/%		平均带宽开销/(Mb/s)	
	Pixel	Nexus 6P	Pixel	Nexus 6P	Pixel	Nexus 6P
Viking	64	76	37	63	127	131
Corridor	62	71	34	61	132	122
Nature	65	73	33	64	130	128

注：Furion 系统在不同手机上产生的 CPU/GPU 开销和网络传输开销均在可接受范围内。

因为 Google 公司在参考文献 [104] 中将 Pixel 标记为 VR-ready 的手机,所以本文研究了新款的 Pixel 手机和此前版本的 Nexus 6P 手机的区别。类似地,本实验将 Furion 系统运行在 Nexus 6P 上,同样运行三个高清的 VR 应用,并统计它们的 CPU/GPU 资源利用情况。表 3.9中同样统计了在 Nexus 6P 上的资源利用情况。实验发现,在 Nexus 6P 上运行高清的 VR 应用会产生更高的 CPU 和 GPU 利用率,大约是 71%~76% 的 CPU 利用率和 61%~64% 的 GPU 利用率。这些数据表明,移动终端硬件的升级对 VR 应用的性能提升主要源于 CPU 和 GPU 硬件资源的提升。表 3.3中的数据也佐证了本实验的这一观点。

（2） SoC 温度随时间的变化情况

现在的移动终端,例如 Pixel 都在其硬件设备上设置有温控装置,避免在使用过程中发生过热现象对用户的日常使用造成影响。例如,在 Pixel 手机上的默认配置中,芯片的温度要求控制在 58℃ 之下（温度限制可以通过读取系统配置/system/etc/thermal-engine.conf 得到）。如果手机芯片的温度接近这个温度限制,那么 CPU 的控制器会降低 CPU/GPU 的运行频率,进而降低整体系统的功耗,避免手机过热造成的安全隐患。因此,计算密集型应用被要求在使用过程中不能消耗过多的 CPU/GPU 资源。

因为 VR 应用会占用巨大的系统资源,因此 Google 针对在 Pixel 和 DayDream 平台上运行的 VR 应用提出了一项温度约束[105],例如,要求运行在 DayDream 平台的 VR 应用,在运行 30 min 之内不能超过系统的温度限制,即在 30 min 的运行过程中,消耗的 CPU 资源不能让芯片的温度超过 58℃。基于此要求,本实验测量了 Furion 系统在运行三个高清 VR 应用时的 CPU 利用率和芯片温度随着时间的变化情况。图 3.15和图 3.16分别给出了对应的实验结果。实验数据表明,在 30 min 的使用过程中,Furion 系统的 CPU 利用率稳定,芯片的温度上升平缓,并且在 30 min 之内不会达到温度约束的上限,满足移动终端上 VR 应用的温控要求。

（3） 终端功耗随时间的变化情况

本实验利用 Google 的电量测量工具[106] 来测量系统在运行过程中的功耗变化情况。图 3.17给出了在运行三个高清 VR 应用过程中手机电量随时间的变化。实验数据表明，在 30 min 的运行过程中，整个系统的平均电流基本稳定在 410 mA 左右。Pixel 手机的电池容量为 2770 mA·h，按照这样的系统功耗，Furion 系统大约能够支持 6 h 的 VR 应用续航时间。

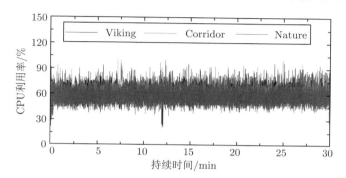

图 3.15　CPU 利用率随时间的变化（见文前彩图）

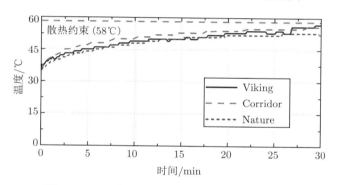

图 3.16　三个 VR 应用的温度随时间的变化

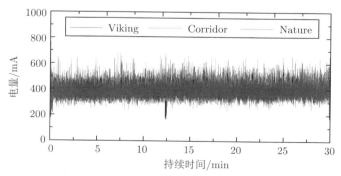

图 3.17　手机电量随时间的变化（见文前彩图）

3.5.5　Furion 系统对变化网络环境的适应性

表 3.9 还统计了 Furion 系统所支持的三个高清 VR 应用在运行过程中的网络带宽使用情况，平均带宽开销为 127~132 Mb/s。这个带宽占用情况比 802.11ac WiFi 网络所能提供的 400 Mb/s 的峰值带宽要更低，图 3.18 表明，这是因为移动的过程中会预加载周围位置节点所对应的全景图，而预加载的过程是突发式的，移动过程中在相邻节点直接移动大约需要 20 ms。图 3.19 中的实验数据是从 100 ms 开始绘制的，以排除慢启动过程造成的影响。

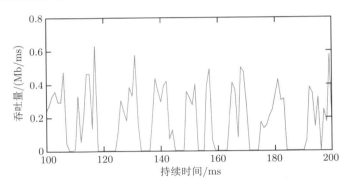

图 3.18　Furion 系统每 20 ms 的运动窗口中吞吐量的变化

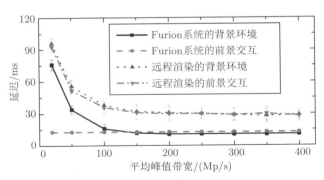

图 3.19　不同带宽环境下的渲染延迟

本质上，Furion 系统的协同渲染框架设计将原本按需加载形式的帧加载过程变成了预加载渲染好的全景图像帧，这个方法将原本是瓶颈的加载时间通过提前加载的方式从瓶颈链路上移除开了。因此，预加载渲染好的全景图，只需要在 20 ms 的移动时延内完成即可。这些数据表明，

Furion 系统可以在一定程度上忍受短暂的带宽波动，只需要保证预加载过程在 20 ms 内可以完成即可。

为了确认这一属性，本实验使用 Linux 下的 tc 流控工具来控制 AP 侧的网络的最大可使用带宽。本实验同样运行三个高清的 VR 应用，在不同网络可用带宽环境下的延迟情况如图 3.19所示。实验数据表明，在峰值带宽从 400 Mb/s 降低到 150 Mb/s 时，Furion 系统仍然可以保证系统的低交互延迟。

前文中的性能评估验证了在网络条件较好的环境下，Furion 系统能够通过协同渲染的方式在现有的智能终端和无线网络环境下实现高清、低延迟的交互式 VR。接下来通过实验验证不同 VR 系统在变化的网络环境下对网络的适应性。本实验使用 tc 工具调整网络的 RTT 和可用带宽。在不同的网络环境下，测量了以下四种方案的用户感知延迟：①远程渲染方案，客户端以按需请求的方式向服务器端发送请求，服务器端渲染好所需的画面之后通过无线网络将结果回传给客户端显示。②HLS (http live streaming)[102]。这是 Apple 公司开发的一种广泛应用的基于 HTTP 的流媒体码率自适应协议。它能够根据实时的网络带宽，动态地调整流媒体播放的码率，以适应动态变化的网络环境。③没有使用背景环境码率自适应算法的 Furion 系统。④使用了动态码率自适应算法的 Furion 系统。

图 3.20中绘制了在不同的网络环境下运行 VR 系统时，四种对比方案的用户感知延迟对比情况。在此本节只给出了在 Viking 上的实验结果，其他两个应用的结果类似，因为篇幅限制在此省略。对于没有使用码率自适应算法的方案，它们的视觉质量（SSIM 值）不会随着网络状态变化。因此，当网络延迟增加，或者网络带宽降低时，没有码率自适应支持的策略的 VR 用户感知延迟快速上升，甚至超过了 100 ms，严重影响了用户体验。HLS 虽然在网络条件变差时降低了自身码率，但是因为它没有根据用户视角有选择地降低码率，其 SSIM 值下降得非常严重。这样虽然保证了低延迟，但是对应的视觉效果非常差。实现了码率自适应算法后的 Furion 系统能够根据当前网络状况和用户视角选择符合当前网络的最优码率，因此在网络变化过程中始终能够保持很低的用户感知延迟，同时 SSIM 虽然有所下降，但是仍然保持在 0.91 之上，可以确保优良的画质体验。

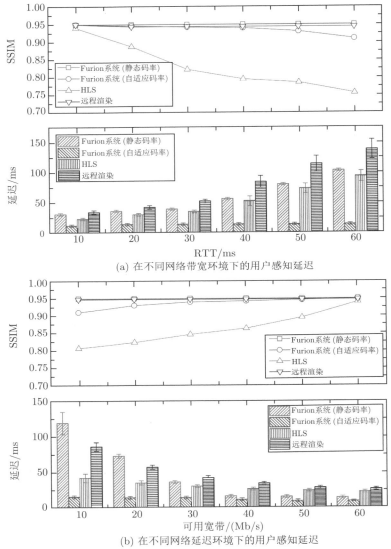

(a) 在不同网络带宽环境下的用户感知延迟

(b) 在不同网络延迟环境下的用户感知延迟

图 3.20　　在不同的网络环境下 VR 用户 SSIM 性能和感知延迟对比

在背景环境码率自适应模块的支持下，Furion 系统能够在网络延迟升高、带宽下降时
基于网络状态和用户视角调整 VR 内容的码率，优先降低视角范围外的码率，
在保证系统流畅的前提下最大化地保证视觉质量

综上所述，Furion 系统能够动态地调整背景环境的码率，在各式各样的网络环境下确保高清、低延迟、高画质的交互式 VR 体验。

3.6　本 章 小 结

　　当今的高性能虚拟现实系统（例如 Oculus Rift 或 HTC VIVE）都是通过数据线（例如 HDMI）将高清内容传输到头显设备上。但是，数据线限制了用户的可移动性，大大降低了用户体验。使用有线网络的主要原因在于当今的移动设备（例如智能手机）和无线网络（例如 WiFi）无法承受高性能 VR 应用带来的高计算、高传输负载。本项目设计并实现了一套面向无线智能终端的虚拟现实应用框架。借助计算迁移和压缩等一系列技术，让高清 VR 应用能够运行在现有智能手机和无线网络环境下，提升画面质量，降低用户操作延迟，同时将功耗限制在可接受范围内。

第 4 章　面向移动个人云存储的
同步效率优化方案

随着无线技术的发展，越来越多的用户在手机、平板电脑等移动设备上使用个人云存储服务（例如 Dropbox，OneDrive）来进行协同办公或者文件分享。然而，现有的个人云存储服务并没有对延迟高、带宽受限、网络连接不稳定的移动无线网络环境进行优化，导致在移动场景下个人云存储服务经常遇到同步效率低等问题。本章将对现今主流的个人云存储服务进行大规模的测量分析，找出移动场景下同步效率低下的原因，设计面向移动云存储服务的同步效率优化系统 QuickSync 。QuickSync 改进了现有同步传输协议，利用网络自适应的冗余消除等技术，增强了移动环境下个人云存储服务的同步效率，提升了用户体验，同时能够降低数据同步造成的网络带宽开销。

4.1　概　　述

IDC（Internet Data Center）研究数据表明，2020 年的全球信息总量可达 40 ZB[107]。信息的爆炸式增长，使得人们对大容量、稳定、安全、方便易用的存储技术的需求也不断增长。云存储技术是一种在云计算技术的基础上进一步延伸发展而来的新兴技术。它通过网络连接终端和云平台，进而向用户提供数据存储和文件同步等服务。依托云计算技术，近年来个人云存储服务（例如 Dropbox，OneDrive 等）发展迅速，许多大型科技公司纷纷进入这一市场。个人云存储服务主要面向个人用户，它的核心功能是为用户提供一种方便快捷的同步多个设备上数据的方法。随着移动互联网的不断发展，传统的网盘服务不能适应多移动终端之间的数据同步需求，个人用户也越来越注重个人数据的管理和迁移。现在的智能终端处理能力越来越强，不同设备上存放了大量的个人信息，设备间数据的交互因而显得越来越重要。近年来在个人云存储服务的基础上进一步发展出了移动云存储服务，通过移动网络和云存储技术提供不同移动终端之间的数据管理和交互。本地数据和云端的同步保证了用户账户数据的一致性。

对于个人云存储服务而言，体现其用户体验的最核心的性能指标之一是同步效率，即本地的修改和云端之间完成同步的速度。通常意义上，本地的修改能够越快被传输到云端越好。近年来已经有一系列研究对传统有线网络环境下的个人云存储服务的同步效率、流量特征及开销等进行了测量和优化[50,51]。为了优化同步效率，现今主流的个人云存储服务在桌面平台或移动平台上均部署了一系列的关键技术。云存储服务包括以下五项关键技术：① 分块技术：将用户文件切分成小块进行传输，便于在云端的统一数据管理；② 数据捆绑：将多个小文件块捆绑成大块传输；③ 冗余消除：避免重新传输已经确认的数据块，降低带宽开销；④ 增量编码：找出两次修改前后的增量，只传输修改过的部分；⑤ 数据压缩。表 4.1 和 表 4.2 分别列举了在桌面环境和移动平台下主流的几个个人云存储服务对于五大关键技术的部署情况。表格中的统计结果表明，许多个人云存储服务均在其系统实现中部署了多项提升同步效率的关键技术。

表 4.1　桌面云存储服务中的关键技术

关键技术	Windows 平台下的服务名称			
	Dropbox	Google Drive	OneDrive	Seafile
分块技术	4 MB	8 MB	var.	var.
数据捆绑	√	×	×	×
冗余消除	√	×	×	√
增量编码	√	×	×	√
数据压缩	√	√	×	×

随着近年来移动网络和无线技术的不断发展，智能设备越来越普及，因此越来越多的用户在智能终端和无线网络环境下使用个人云存储服务来存储、管理和分享个人数据。然而，相对于传统的有线网络而言，由于移动互联网接入网络的带宽更低，成本更高，同时移动设备的计算能力和

表 4.2　移动云存储服务中实现的关键技术

关键技术	Android 平台下的服务名称			
	Dropbox	Google Drive	OneDrive	Seafile
分块技术	4 MB	260 KB	1 MB	×
数据捆绑	×	×	×	×
冗余消除	√	×	×	×
增量编码	×	×	×	×
数据压缩	×	×	×	×

存储能力相对于传统 PC 来说较小，因此移动环境下的个人云存储服务（以下简称移动云存储）在终端设备和云之间进行数据的上传和下载时面临着巨大的挑战。发现并改进现移动云存储服务的同步协议中存在的问题，降低终端设备的计算、存储、传输负担，成为一件意义重大但充满挑战的任务。

本节围绕移动网络环境下的个人云存储服务同步效率问题，从以下三个角度展开研究。

（1）通过对主流个人云存储服务的测量分析，找出了在移动网络环境下同步效率的性能瓶颈。本研究首先在各种无线网络环境下设计了一系列实验，细粒度地测量了主流移动云存储服务在各种环境下的同步效率和同步开销。测量发现，现有的云存储同步协议在无线网络环境中传输时普遍存在同步效率低下的问题。具体而言，实验发现在网络 RTT 较高的环境下，现有的同步协议无法充分利用可用的网络带宽资源。此外，对某些特定的文件操作进行同步时，云存储服务可能产生 10 倍于修改内容的巨大同步传输开销，严重降低同步效率。

（2）通过剖析云存储服务的同步协议，找出了影响同步效率的关键因素。分析表明，现有同步协议的设计无法适应移动网络环境下高延迟、带宽受限的特征，因此导致网络带宽利用率低下，同步效率低下。另一方面，由于现有的增量同步算法在云存储的分布式存储框架下效率较低，导致针对某些特定操作进行同步时，无法准确地计算出增量，甚至可能产生 10 倍于修改内容的同步开销。

（3）基于已有发现，设计了面向移动云存储服务的同步效率优化系统 QuickSync 系统。QuickSync 系统主要利用了基于网络状况的动态分块策略、基于块特征的冗余消除策略和捆绑传输策略来优化同步效率。本研究在真实的 Dropbox 和 Seafile 云存储环境下部署了 QuickSync 系统。大量实验表明，针对各式各样的用户操作，QuickSync 系统至多能够有效地降低 51.8% 的同步时间。

4.2　移动云存储服务性能瓶颈量化与分析

本章首先基于现有的移动云存储平台进行测量，定位并且量化其同步效率的性能瓶颈。通过测量分析，本研究发现现有的移动云存储服务主要存在以下三个核心的性能瓶颈。

4.2.1　瓶颈 1：移动平台上的冗余消除技术可能会带来额外计算开销

个人云存储服务通常部署了冗余消除技术来降低传输的数据量，提升同步效率。为了评估系统的冗余消除效果，本书定义一种新的量化指标——冗余消除率（deduplication efficiency ratio，DER）来量化冗余消除技术的有效性。具体而言，DER 定义为经过冗余消除之后的文件大小与原始的文件大小之比。直观上来说，更低的 DER 意味着更多的冗余数据被消除掉了，相应的同步时间也会更低。但是，本研究的实验表明，更低的 DER 并不总是意味着更高的同步效率。

为了研究同步时间和 DER 的关系，本研究利用 WireShark 工具测量了 Dropbox 和 Seafile 在受控无线环境下进行同步的过程中所产生的网络流量。本研究利用 tc 调整网络环境下的 RTT，以测量在不同延迟的网络环境下的同步效率。本实验中采集了大约 500 MB 的 Dropbox 的用户数据进行实验。实验中通过终端将用户数据同步到云端，与此同时通过 Wireshark 抓取网络传输的流量数据，从数据中提取同步消耗的时间，最后利用同步过程中传输的数据量和原始文件的大小计算 Dropbox 和 Seafile 进行同步时的 DER 值。

图 4.1 中显示了 Dropbox 和 Seafile 在不同的网络环境下的 DER 值。实验发现在不同的 RTT 设定下，Dropbox 和 Seafile 的 DER 值分别为 87% 和 65% 左右。直观上来说，更高的 DER 意味着需要传输更多的数

据，相应的同步时间也越长。但是，实际上当 RTT 为 200 ms 时，Seafile 比 Dropbox 耗费了更多的同步时间。实验结果表明，更低的冗余消除率并不意味着总是能够获得更高的同步效率。

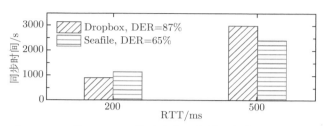

图 4.1　Dropbox 和 Seafile 移动个人云存储服务在不同的延迟（RTT）环境下的同步时间

4.2.2　瓶颈 2：增量同步失效导致同步效率低下

为了降低同步过程中产生的数据量，一些云存储服务，例如 Dropbox，通过增量同步算法来计算要同步的两个版本之间的差异值，而不是将修改后的文件完整地传上去。然而，本实验的结果表明，增量同步算法并不总是能够降低传输产生的数据量，在某些条件下，增量同步可能会延长同步完成的总时间。本研究设计一个新的性能指标增量同步开销（traffic utilization overhead, TUO）来评估进行增量同步时产生的开销。TUO 的计算方式为用同步所产生的流量除以修改的数据量。本研究设计了两组实验来证明增量同步的失效将会产生额外的同步开销，降低同步效率。

在第一组实验中，执行三组修改操作，如表 4.3 所示。① 翻转操作：将数据的比特位取反；② 插入操作：向数据段中插入一段随机数据；③ 删除操作：将某一段数据删除。这里将修改的数据内容大小定义为修改窗口大小。

表 4.3　三种具有代表性的同步操作

操作名称	具体描述（假设文件大小为 S 字节）
翻转操作	在被测试文件的头部、尾部和中间的随机位置对连续的 w 字节的数据进行二进制翻转（例如原本为 0 的数据翻转为 1）
插入操作	在被测试文件的头部、尾部和中间的随机位置插入连续的 w 字节的数据
删除操作	在被测试文件的头部、尾部和中间的随机位置删除连续的 w 字节的数据

在实验中,设置修改窗口大小 w 从 10 KB 逐渐增大到 5 MB。为了避免两次操作之间的相互影响,在上一次修改完全同步之后才开始执行下一次操作。每次操作都会执行 10 次并计算平均值。由于 GoogleDrive 和 OneDrive 没有实现增量同步算法来进行同步,所以实验重点关注 Dropbox 的增量同步方案的效果。

图 4.2 显示了对于不同的文件修改操作,不同的云存储服务在增量同步过程中产生的增量同步开销。实验发现,对于 Dropbox 来说,三种类型的操作得到了完全不一致的结果。对于翻转操作而言,在绝大部分场景下,TUO 的值都趋近于 1。即便是在修改窗口大小为 10 KB 的时候,TUO 的值也低于 1.75,这意味着同步过程中实际产生的数据量接近于修改的数据量。对于插入操作而言,同步过程中产生的数据量和插入操作发生的位置有非常紧密的关系。当插入操作发生在文件尾部时,TUO 的值都接近于 1,说明增量同步能够准确地识别出修改的内容。但是,当插入操作发生在文件头部时,插入操作会产生大量数据。具体而言,当在一个 40 MB 的文件头部插入 3 MB 数据时,同步过程中将会产生大约 40 MB 的网络流量,远远大于修改的大小。类似地,对于删除操作而言,其 TUO 的变化情况也类似于插入操作。唯一不同的是,在文件尾部进行删除操作时,产生的网络流量非常小,TUO 的值接近于零。另一个重要的发现是,在 Dropbox 系统中,当修改窗口大小设置为 4 MB 时,插入操作和删除操作的 TUO 值都接近于零。

在上述实验中,所有操作都是施行在已经同步的文件上的(文件的元数据和内容都已经被完整地同步到云上)。接下来,通过实验研究那些在同步过程中的文件上进行修改时,同步过程所产生的数据量。首先在同步文件夹中创建一个 4 MB 的文件,然后每隔 20 s 对文件执行翻转操作。注意到,翻转操作在前述实验中的 TUO 值约等于 1。然而在现在的第二组实验中,在文件刚刚被创建,还没有完全被同步到云上去之前,就立即执行修改操作。实验发现,在每一个场景下,TUO 的值都大于 2,这意味着至少有 8 MB 的数据被同步到云上。此外,实验还发现 TUO 的变化会受到 RTT 的影响。当 RTT 的值达到 600 ms 的时候,TUO 会随着修改次数的增加而增加。当文件被修改 5 次时,产生的总数据量会达到 28 MB,大约是原始修改的数据量的 448%(图 4.3)。

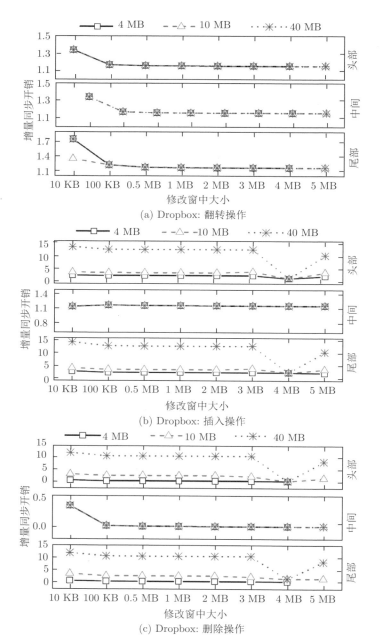

(a) Dropbox: 翻转操作

(b) Dropbox: 插入操作

(c) Dropbox: 删除操作

图 4.2   对于不同的文件修改操作，**Dropbox** 和 **Seafile** 在增量同步过程中
产生的增量同步开销

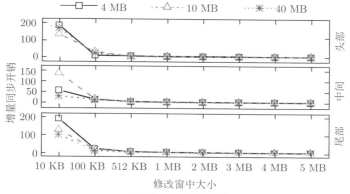

(d) Seafile: 翻转操作

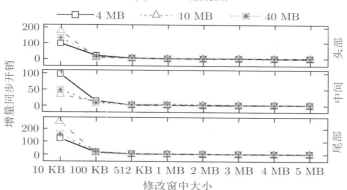

(e) Seafile: 插入操作

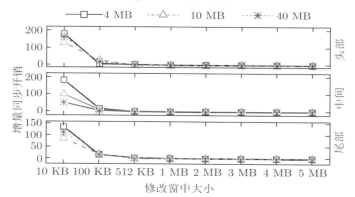

(f) Seafile: 删除操作

图 4.2　（续）

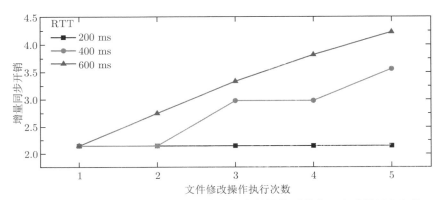

图 **4.3** 在移动场景下，同步过程中执行文件操作时整个同步过程所产生的 增量同步开销

综上，本实验的测量结果表明，增量同步并不能够在所有的环境下保证只传输被修改的数据量。具体而言，对于插入和删除操作，同步所产生的数据量往往会高于实际修改的数据量。此外，对于正在同步的文件而言，增量同步也无法保证有效，因而会导致额外的数据传输。

4.2.3 瓶颈 3：同步协议对网络的带宽利用率过低

同步吞吐量是另一个表征同步效率的重要指标。对于大部分的云同步系统而言，它们的同步协议基于 TCP 执行，因此同步效率会受到 RTT 和丢包的影响。因为不同云同步系统的具体实现不同，服务器部署也不同，因此直接对比不同云存储服务的吞吐量是不合理的。为了量化同步协议的网络开销，本书设计了一个新指标——带宽利用率（bandwidth utilization efficiency，BUE）（同步带宽除以网络实际可用带宽）。与直接测量网络带宽的方案相比，带宽利用率代表了同步协议对底层可用带宽的利用情况。

本研究通过实验测量了四种云存储服务（Dropbox，GoogleDrive，OneDrive，Seafile）在不同网络环境下（WiFi，蜂窝网）的带宽利用率。实验过程中，在同步文件夹中创建了一组不同大小、不同数量的文件，并利用随机数据填充这些文件，避免数据压缩带来的影响。利用 tc 工具修改网络的 RTT，以测量在不同网络延迟下的带宽利用率。每一次实验测量 10 次，并计算平均结果。

不同的云存储服务在不同 RTT 的无线网络环境下的带宽利用率如图 4.4 所示。对于每一个云存储服务来说，4 MB 文件的带宽利用率接近 1。但是实验观察到，当同步 100 个 40 KB 大小的文件时，同步的带宽利用率会大幅下降，例如，GoogleDrive 和 OneDrive 的带宽利用率会跌到 20% 左右。对于所有的服务来说，当网络的 RTT 增加时，大文件（例如 20 MB，40 MB 的文件）进行同步的带宽利用率都会下降。带宽利用率的下降意味着现有的同步协议无法适配下层网络状况的变化。

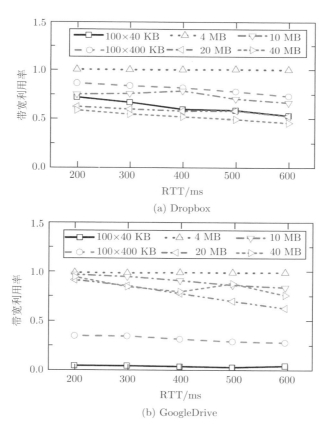

(a) Dropbox

(b) GoogleDrive

图 4.4　四种个人云存储服务的带宽利用率情况

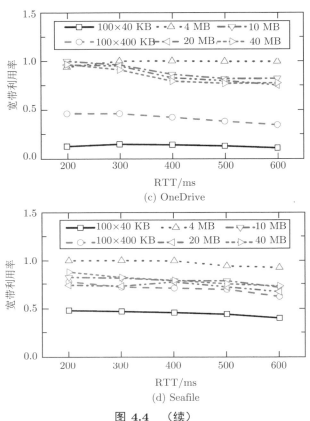

图 4.4　（续）

4.2.4　同步效率低下原因分析

上述实验证明，现今主流个人云存储服务在无线网络环境下存在同步效率低下的情况。进一步地，本研究通过对同步协议的分析找出影响同步效率的根本原因。然而，分析现有云同步协议面临着非常大的挑战，因为主流的云存储服务均为闭源软件，难以直接获取其同步协议。而同步的数据量经过加密，很难通过抓包分析的方法直接获取同步协议的细节信息。为了克服这些困难，本研究综合利用了测量和反编译的方法，获取了云同步协议的设计细节，进而找到了同步效率低下的根本原因。

（1）云同步协议分析

虽然同步的数据流量经过加密，本研究通过对加密流量的分析，从宏观上发现对主流的个人云存储服务而言，其同步过程大致可以分为三个核心阶段。①同步准备阶段：终端和控制服务器进行通信，交换要进行同步文件的元数据信息，准备开始进行同步；②数据同步阶段：终端和存储服务器进行通信，将实际的用户数据同步到存储服务器上；③同步完成阶段：终端再次和控制服务器进行通信，确认数据交付完成，结束同步过程。进一步地，因为 Dropbox 的客户端是由 Python 编写的，本研究通过参考文献 [108] 提出的反编译方法对客户端进行反编译，并利用 DynamorIO 工具[109] 劫持了客户端的 SSL 加密过程，在加密之前获得了同步数据的信息，进而破解了 Dropbox 的同步协议。

图 4.5 中描绘了 Dropbox 在上传文件时的同步协议。在同步准备阶段，文件在本地进行数据分块并且为每个块创建索引等元数据。终端首先和控制服务器进行通信，准备同步，在此阶段通过元数据信息可以判断一个文件分块是否已经存在于服务器上，已经存在的文件分块会被略过。在数据同步阶段，终端和存储服务器进行通信，数据块以迭代传输的形式发送到存储服务器上。在每一轮迭代中会有若干个数据块被发送。在每一轮迭代的末尾，客户端会更新当前迭代中更新的元数据信息。最后在同步完成阶段，终端再次和控制服务器进行通信，确认所有文件块传输成功，最后更新元数据信息，完成同步。

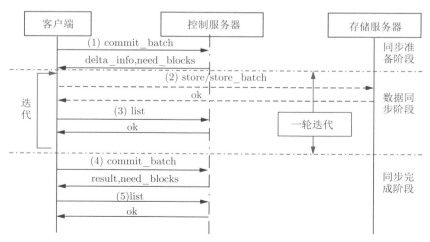

图 4.5　Dropbox 的同步协议

文件传输分为同步准备、数据同步、同步完成三个主要阶段

（2）冗余消除技术可能导致同步效率低下的原因

一般而言，在进行冗余消除时，文件会首先被切分成多个小块，然后为每个块计算哈希值，通过块的哈希值鉴定一个块是否冗余。然而，为大量的数据块计算哈希值本身是一个计算密集型的任务。分块的粒度对于冗余消除的计算消除和冗余消除的效果都有着巨大的影响。分块越细粒度，通常对应的计算开销就越大，而找出冗余数据的效果也越好；反之，分块越粗粒度，计算开销相对越低，而找出冗余数据的能力也更弱。在Dropbox 的系统实现中，采用的是 4 MB 分块大小的静态分块方案，其分块较大，计算开销小，但是鉴别冗余的能力也较弱。而 Seafile 的系统实现中采用的是一种细粒度的分块方案[55]，它的分块是更细粒度的，计算开销更大，找出冗余的能力更强。因此，在前文的实验中，Seafile 的DER 达到了 65%，比 Dropbox 找出了更多的冗余数据。但是，在网络环境较好时，Seafile 的分块同时也带来了较大的计算开销，使得总体的同步时间高于使用简单分块策略的 Dropbox 的同步时间。然而，当网络中的延迟较高，例如 RTT 达到 500 ms 时，由于网络本身延迟升高，TCP的吞吐量下降，此时通过计算冗余降低传输开销能够降低总体的同步时间。因此，在优化总同步时间时，应当将分块等计算任务和网络条件结合起来，动态地选择最合适的分块策略，使得总的同步时间最低。

（3）增量同步技术可能导致同步效率低下的原因

虽然增量同步领域已经有许多成熟的算法来计算两个文件之间的差异，但是测量数据表明并不是所有的个人云存储服务都部署了增量同步。一个关键的原因是现有的增量同步算法主要工作在文件粒度，但是在云存储系统中，文件通常是切分成小的数据块进行存储和管理的。如果要使用文件粒度的增量同步，那么就需要将这些零散的分布式的数据块拼凑起来执行增量同步算法，这样显然会大大增加数据中心内部的流量开销。因此，在 Dropbox 的系统实现中，采用的是分块粒度的增量同步。从解密的 Dropbox 流量中发现，每一个数据块都对应着一个"父数据块"，即上一个版本的数据块。每当当前文件被修改，在计算增量时，终端首先对文件分块，找到每个分块的父数据块，然后计算两个有关联的数据块之间的关系。

图 4.6 解释了 Dropbox 进行增量同步时的具体方法。原始文件首先

被分块并为每个数据块创建了索引。当文件被修改时，例如在文件头部插入 2 MB 数据，Dropbox 会对文件重新分块并创建索引，得到三个 4 MB 的分块。然后这三个分块会分别和原始文件中的三个数据块简历对应关系。在计算增量的过程中，数据块仅仅和当前块对应的此前版本数据块进行增量计算。在图 4.6 的例子中，三个分块和原先版本之间分别有 2 MB 的差异，因此整个文件的增量为 6 MB。但是注意到，本次修改操作仅仅插入了 2 MB 数据，即修改 2 MB 数据，但是产生了三倍的同步数据量。因此，现有的增量同步算法无法适应分布式的文件存储场景，无法为修改后的分块找到正确的参照块，进而准确地计算出修改前后的增量数据，导致同步了额外的数据量，降低了整体的同步时间。

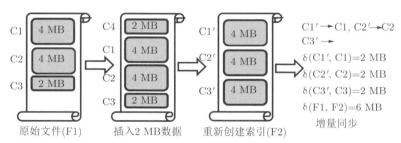

图 **4.6**　**Dropbox** 的增量同步过程

（4）网络带宽利用率低下原因分析

在现有的同步协议中，在数据同步阶段，用户数据是以分块的形式在每轮迭代中传输的。但是现有的传输方法不能充分利用网络带宽，尤其是在网络延迟较高的时候。首先，当传输一系列的小文件时，终端需要等待服务器端的确认消息，确定所有本轮的数据块传输完毕之后，才会开始下一轮迭代。这导致当网络延迟很大时，等待分块确认的时间会很长，因而发送端长时间处于等待确认的状态，无法充分利用带宽。其次，虽然 Dropbox 采用了捆绑策略提升小文件传输的带宽利用率，但是在迭代传输过程中每一个块都是在单独的 TCP 连接上进行传输的。一旦某个流传输得比较慢，就可能会导致其他三个已经传输完毕的数据流等待慢流传输完毕的情况，这也会使得带宽无法被充分利用。最后，实验还发现 GoogleDrive 服务在传输的过程中每次都会开启一个新的 TCP 连接传输数据块。在传输小文件时，这一策略会导致传输的大部分时间都处于

TCP 的慢启动阶段，由于传输数据量较小，TCP 连接还没有到达拥塞避免阶段传输就已经结束了。这样的同步策略不仅无法充分利用可用带宽，每次创建新连接还会带来额外的 SSL 握手开销，严重降低了总体同步效率。

4.3　QuickSync 系统设计

为了解决移动云存储服务中存在的同步效率低的问题，本研究设计并实现了面向移动云存储服务的同步效率优化系统 QuickSync 系统。为了提高无线网络环境下的同步效率，QuickSync 系统主要采用了三个关键技术：① 通过基于网络状态的动态分块方案，找出并消除同步数据中存在的冗余；② 通过改进过的增量同步算法，准确地找出修改前后文件的增量数据，降低同步数据量；③ 通过延迟捆绑传输的方式，提升同步过程中对网络带宽的利用率。

QuickSync 的系统架构如图 4.7 所示。在运行过程中，用户对同步文件夹中数据的修改操作会触发终端和云之间的同步。首先，基于网络状况的分块模块会根据当前网络状态选择最优分块方案，对修改的文件进行分块，并计算每个数据块的元数据。然后，元数据信息被交付到冗余消除模块。对于新添加的文件，冗余的数据块会被找出，只有新数据会被同步到云端。对于修改操作，QuickSync 系统会准确地找出修改前后文件块之间的增量数据，只有被修改的内容才会被同步到云端，节约了网络传输的开销。最后，捆绑同步模块通过延迟捆绑的方法将数据传输到云端，提升了网络带宽的利用率。QuickSync 系统和现有的个人云存储系统类似，

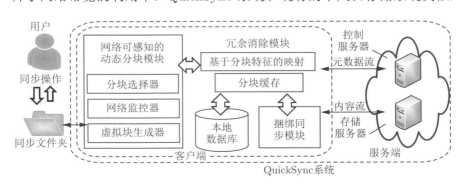

图 4.7　QuickSync 系统架构

云端服务器分为存储元数据的控制服务器和存储实际文件内容的存储服务器。元数据和文件内容分别通过元数据流和内容流进行传输。接下来，分别介绍三个关键技术的技术细节。

4.3.1　网络状态可感知的动态分块方案

为了提升同步效率，QuickSync 系统首先采用冗余消除技术，在进行同步之前找出冗余数据，避免不必要的数据传输。虽然在许多分布式传输系统中冗余消除已经是一个比较常用的技术，但是在移动云存储环境中进行冗余消除时仍然面临着两个关键挑战。首先，传统的冗余消除技术主要注重的是节约存储空间[56]，节约在广域网环境进行大规模数据备份时产生的带宽开销[57,58]，或者仅仅针对下行的网络流量进行优化[60]。这些现有技术很难直接应用于移动个人云存储环境，因为这些方案都会产生智能终端难以承受的巨大的计算开销。其次，如前文测量结果所示，移动网络的网络环境不断变化，基于静态分块的冗余消除方案无法适应动态网络环境，有时甚至可能会降低同步效率。

在冗余消除技术中，分块粒度是和计算开销、冗余消除效果紧密关联的。所有此前的冗余消除策略都采用静态分块的方案，即采用固定大小的平均分块方法。为了动态地适应网络环境，本研究提出一种网络状态可感知的动态分块策略，其平均分块大小随着网络状况改变，使得总体的同步时间最低。直观地描述，当网络不佳时，系统采用更为细粒度的分块方案，增加计算开销，降低网络传输开销，优化整体传输时间。反之，当网络状况较好时，系统使用更加粗粒度的分块方案，降低计算开销，充分利用网络资源。具体而言，网络状态可感知的动态分块方案包括以下两个子部分。

（1）基于网络状况的分块选择方案

QuickSync 系统采用基于内容的分块对文件进行切分。基于内容的分块根据文件的具体内容来计算分块之间的切点。当执行插入或者删除操作时，因为原本的文件内容不会被修改，所以原本的切点不会发生偏移。此外，QuickSync 系统通过动态地调整平均分块大小来权衡分块策略的计算开销和冗余消除能力，动态地找出适合当前网络状况的最佳分块方案。

QuickSync 系统在服务器端和客户端分别对所有的用户文件进行分块，并创建索引。索引中包含每一个分块的唯一标识符，以及分块所属文件的路径、文件名等信息。终端上只保存当前用户所有文件的索引信息，而服务器上要保存所有用户的文件索引信息。索引信息并不包括文件的实际内容，因此在服务器端，索引文件和文件的实际内容可以被保存在不同的设备上。服务器和所有终端事先维护一个切块方案列表 $\text{chunking}_{\text{list}} = l_1, l_2, l_3, \cdots, l_n$，其中 l_i 代表第 i 套切块方案的平均切块大小。对于不同的切块方案来说，平均切块大小越小，意味着找出冗余数据块的能力越强，但是对应产生的索引信息也越多，计算开销也越大。相反地，平均切块大小越大，鉴别冗余的能力越低，但开销也越小。

在 QuickSync 系统中，服务器端模块和终端模块上同时维护着一个冗余消除能力列表 $\text{deduplication}_{\text{capability}} = \beta_1, \beta_2, \beta_3, \cdots, \beta_n$。本书定义在使用第 i 套切块方案对数据分块时，切块方案 l_i 对应的冗余消除能力为 β_i，β_i 定义为所有数据块中的冗余内容除以所有数据块的总大小。考虑到不同的分块方案 l_i 会产生不同的计算开销，QuickSync 系统根据自身的计算能力维护一个分块开销列表 $\text{computation}_{\text{cost}} = t_1, t_2, t_3, \cdots, t_n$。列表中 t_i 表示分块方案 l_i 在当前设备上对数据大小为 C 字节的文件进行分块操作时所花费的时间。

进行同步前，终端首先测量并估测当前网络状况。在同步开始时，终端收集本地的 RTT 和 TCP 拥塞窗口信息 cwnd。当前可用带宽 Available_BW 可以估算为 $\text{Available\_BW} = \dfrac{\text{Segment\_size} \cdot \text{cwnd}}{\text{RTT}}$。假设要同步的文件大小为 C 字节，终端每次会根据公式 (4-1) 选择使得总体同步时间最短的分块策略 i。

$$i = \arg \min_{i \in S} \left\{ T_i \cdot C + \frac{(1 - \beta_i) \cdot C + \text{Meta\_Size}_i}{\text{Available\_BW}} \right\} \qquad (4\text{-}1)$$

其中，T_i 和 β_i 分别代表分块策略 i 的计算时间和冗余消除比。Meta_Size_i 是对应的分块方案产生的元数据大小。在运行时，通过合理地选择分块策略 i，QuickSync 能够使总体的同步时间最短。

（2）虚拟块技术

上述动态分块技术要求服务器端预先使用多种分块方案对文件进行分块。然而，对相同文件的多次分块会产生同一个文件的多个版本，增大服务器端的存储开销。为了节约服务器端的存储开销，支持多种粒度的分块策略，本研究进一步提出了虚拟块技术。本研究提出一种虚拟块（virtual chunk）的概念，虚拟块只有元数据信息，但是不包含实际的文件内容，虚拟块会指向实际文件内容的一个指针。在虚拟快的支持下，如果一个文件被多种分块策略所切分，只会产生一份真实的分块结果。其他的分块方案仅仅输出虚拟块。虚拟块占用的存储空间非常小，因此节约了服务器端的存储开销。在 QuickSync 系统的分块方案中，为每个分块的元数据增加两个信息：① 虚实位，代表当前数据块是否为虚块；② 指针信息，显示当前虚拟块在原本的文件中的偏移量和本虚拟块的数据大小。

图 4.8 显示了 QuickSync 系统中的虚拟块产生过程。每当有用户数据被同步到云端，服务器对新上传的文件按照切块方案列表中的其他方案对文件进行二次切分，并创建索引。二次切分产生的数据块虚实位都标记为 0，也就是不需要存储这些块的实际内容，避免了保存同一个文件在多套切块方案下的多个备份。

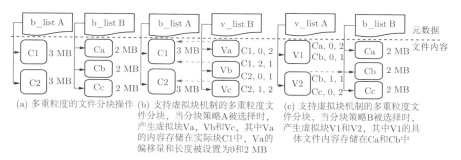

(a) 多重粒度的文件分块操作　(b) 支持虚拟块机制的多重粒度文件分块，当分块策略A被选择时，产生虚拟块Va、Vb和Vc，其中Va的内容存储在实际块C1中，Va的偏移量和长度被设置为0和2 MB　(c) 支持虚拟块机制的多重粒度文件分块，当分块策略B被选择时，产生虚拟块V1和V2，其中V1的具体文件内容存储在Ca和Cb中

图 4.8　QuickSync 系统中的虚拟块产生过程

当用户需要下载已上传的内容时，QuickSync 系统通过终端提供的元数据信息找到原始的数据块。如果元数据对应的是真实数据块，则直接在服务器中找到数据传输给用户；如果元数据对应的是虚拟块，则服务器端首先找到虚拟块中的指针信息，再找到指向的实际文件内容，最终传输给用户。图 4.9 显示了由服务器端找到数据块并传输给终端的过程。如图所示，每个上传到服务器的文件会被多种分块方案所处理，生成一组实际数据块和若干组虚拟块。用户请求下载数据时，服务器端通过元数据信息找到对应的实际数据，传输给用户，最后在终端上组装数据块，生成完整

的文件。

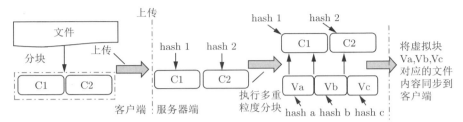

图 4.9　　当服务器端和终端进行同步时，服务器端会基于虚拟块寻找出对应
的真实内容，并且同步到移动端

4.3.2　基于分块特征的增量同步算法

理想情况下，当用户对文件进行修改时，个人云存储服务应该只同步被修改的内容以提高传输效率。然而，增量同步的有效执行需要满足两个必要条件：① 必须准确地指定需要计算增量的两个版本的数据；② 这两个进行对比的版本必须是相似的。对两段完全不同的数据进行增量计算只会增加不必要的计算开销。如前文测量分析所述，在个人云存储场景下，现有增量同步算法的主要局限性在于无法准确地指定两个相似的数据块并进行增量计算。QuickSync 系统提出一种基于分块特征的增量同步算法，保证对于各种用户操作，在同步过程中都能够准确找出相似的数据块进行增量计算。

（1）基于分块特征的映射方法

在 QuickSync 系统设计中，一旦检测到文件被修改，文件会被网络可感知的分块方案进行分块。QuickSync 系统通过以下两个步骤来建立修改前后数据块的映射关系。首先，为每个分块计算哈希值，如果修改前后块的哈希值一致，那么这个数据块不需要进行同步；其次，对于哈希值发生改变的数据块，QuickSync 系统计算块的特征[57] 来判断数据块之间的相似度。QuickSync 系统使用一个滑动窗口对数据块进行处理。窗口在数据块上进行滑动时，每覆盖到一段数据，就计算一次所覆盖数据的哈希值。在整个滑动过程中所得到的最大的哈希值被选取为一个子特征。QuickSync 系统采用四种不同的哈希函数进行滑窗操作，对得到的四个哈希值执行异或运算，得到分块的特征值。对于不同的分块而言，具有相同的特征值意味着分块内容相似度很高。因此，QuickSync 系统为修改前后具有相同特征值的两个数据块建立映射关系，在相互映射的两个数据块之间执行增量同步算法，找出修改前后的差异。

（2）缓存正在同步的数据块

在现有的同步协议中，如果对正在进行同步的数据块进行了修改，这些数据块无法进行增量同步。QuickSync 系统通过设计两个缓存队列来缓存正在同步的数据块，记录下正在同步的数据信息，使得正在同步的数据块也可以进行增量计算。其中，上传队列暂时性的存储正在等待被上传的数据块。每一个队列中的数据块会记录三部分信息：① 数据内容，② 哈希值，③ 特征值。从动态分块模块传来的数据块被插入上传队列中，同步完毕的数据块会被移出上传队列。因此，新生成的数据块可以和上传队列中的某一个数据块建立映射关系。

为了处理修改操作，QuickSync 系统设计了更新队列，用于缓存找到了相同特征值的数据块。当文件被修改，同步过程被触发时，文件首先进行分块。冗余消除模块接着执行两阶段的映射过程。如果一个数据块没有发现哈希值或者特征值的匹配，则会被认为是全新的数据块，被插入上传队列中。如果某一个数据块发现特征值匹配了，则会被插入更新队列中等待增量同步。QuickSync 系统设计了一个独立的更新进程，不停地从更新队列中取出数据块，计算和先前版本之间的增量，同时把增量数据插入上传队列。随后，上传队列中的所有数据被交付给捆绑传输模块，发送给服务器端。

算法 4.1 中总结了 QuickSync 系统的冗余消除模块如何对分块后的文件数据执行冗余消除和增量同步处理，并最终交付给捆绑传输模块进行网络传输。每当文件被修改且触发同步操作时，分块模块会基于当前网络状况对文件进行切分。随后，冗余消除模块会为切分后的数据块计算每个块的哈希值和特征值。对于没有哈希值和特征值匹配的数据块，QuickSync 系统将会把它们视为全新的数据块，直接交给传输模块发送到云端；对于哈希值匹配的数据块，QuickSync 系统将其判定为冗余数据，避免进行网络传输，降低网络开销；对于没有哈希值匹配但是存在特征值匹配的数据块，QuickSync 系统在特征值相同的数据块之间进行增量计算，将增量数据交付给传输模块，只上传每次修改过程中的增量数据，降低了网络传输开销，以提升总体的同步效率。

算法 4.1　　QuickSync 系统中的冗余消除步骤

1: /* 假设文件已经被切分成分块 chunk_list*/
2: **基于分块特征的映射方法**
3: **for** 对于每一个在分块列表 chunk_list 中的数据块 C_i **do**
4:　　/* 步骤一: 检查数据块 C_i 是否冗余 */
5:　　**if** 在上传队列 uploading queue 中或云端找到了数据块的哈希值 hash(C_i) **then**
6:　　　　找到冗余数据,忽略数据块 C_i;
7:　　**end if**
8:　　/* 步骤二: 检查是否存在和 C_i 相似的数据块 */
9:　　**if** 在上传队列 uploading queue 中或云端找到了数据块的特征值 sketch(C_i) **then**
10:　　　　在 C_i 和相似块之间建立映射关系;
11:　　　　将 C_i 加入到更新队列 updating queue 中;
12:　　**else**
13:　　　　将 C_i 加入到上传队列 uploading queue 中;
14:　　**end if**
15: **end for**
16: /* 将新数据块上传到云端 */
17: **数据上传阶段**
18: **for** 在上传队列 uploading queue 中的每一个数据块 C_i **do**
19:　　将数据块 C_i 交付给捆绑传输模块,等待上传;
20: **end for**
21: /* 在建立了映射关系的数据块之间执行增量同步 */
22: **增量同步阶段**
23: **for** 对于更新队列 updating queue 中的每一个数据块 C_i **do**
24:　　计算数据块 C_i 和建立了映射关系的数据块之间的增量, 将增量数据交付给捆绑传输模块,等待上传。
25: **end for**

4.3.3　捆绑传输方案

现有的同步方案使用了分块顺序确认传输机制。前文中的测量结果表明,这种传输机制在无线网络环境下难以充分利用带宽,可能导致同步效率低下。为了提升个人云存储服务的传输效率,QuickSync 系统采用捆绑传输的方案对数据块进行传输,本模块的设计目标是在保证数据正确传输的前提下，合理地捆绑小数据传输，使用累计确认，减小总传输时间，提高传输效率。

（1）捆绑传输策略

个人云存储的同步协议中通常利用应用层的 ACK 来控制业务逻辑。数据块在传输时顺序传输，当且仅当上一轮迭代中的所有数据块被确认之后，才会开始发送下一个数据块。这样设计的好处在于如果网络发生了断连，客户端只需要重新传输那些没有被确认的数据块，降低了恢复连接时的网络开销。

为了提升网络带宽利用率，QuickSync 系统采用捆绑传输方案对应用层数据块进行传输，并且会在客户端记录已经成功交付的字节数量。这样设计的优势在于，可以降低在传输大量小文件过程中的顺序确认开销，提升带宽的利用率。另一方面，由于客户端记录了数据发送情况，当网络发生中断，TCP 重新创建连接时，客户端可以避免发送已经成功交付的数据，降低断连恢复的开销。在以下两种情况下，客户端会检查当前的发送状态。第一，如果因为异常情况网络发生了断连，TCP 重新建立连接之后，客户端会检查数据发送状况；第二，有时候异常发生在骨干网中，此时客户端可能无法显式地捕获到网络异常，因此捆绑传输模块本身设计了一个定时器，如果发送过程中发生了超时现象，客户端会自动断开当前连接，检查传输状态，重新尝试和服务器建立连接，传输剩余未交付的数据。

（2）TCP 连接复用

一些现有的同步方案会为每一个新的文件建立新的 TCP 连接，从而进行数据传输。在传输大量小文件时，可能导致大量 TCP 连接处于慢启动阶段，无法充分利用网络带宽。因此，在进行数据传输时，QuickSync 系统的客户端会复用 TCP 连接与存储服务器之间进行通信。复用 TCP 可以减少连接建立时的 TCP/SSL 握手开销。

4.4　QuickSync 原型系统实现

为了验证 QuickSync 系统的有效性，本研究基于主流的个人云存储服务 Dropbox 和 Seafile 部署了 QuickSync 的系统实现，并进行了性能评估。因为 Dropbox 作为商业级的系统，它的客户端和服务器端均是闭源的，因此，无法直接修改 Dropbox 的源码来部署我们的系统。为了解决这一困难，本实验利用代理的方式，通过一台部署在 Dropbox 服务器附近的代理来模拟服务器端的操作。这个代理被设计用来生成虚拟块，维护数据块和哈希值之间的映射关系。在同步的过程中，用户的数据首先上传到代理服务器上，然后代理服务器将文件的元数据和文件内容通过 Dropbox 的 API 转存到 Dropbox 服务器上。因为代理服务器的部署位置距离 Dropbox 服务器非常近，所以代理服务器和 Dropbox 服务器之间的带宽非常充足，不会成为瓶颈。

4.4.1 基于 Dropbox 的系统实现

本研究基于 SAMPLEBYTE[60] 实现网络状况可感知的分块方案。和其他的动态分块方案类似，SAMPLEBTE 有一个通过 p 参数控制的采样周期。采样周期参数决定了进行冗余消除的计算开销和冗余消除的效果。在不同的网络环境下，本研究通过调整 p 参数来控制冗余消除的计算时间和冗余消除能力。本研究利用分块策略的可调节性，设计了平均分块大小为 4 MB，1 MB，512 KB，128 KB 的分块策略。

本研究利用 librsync 库[110] 来实现改进的增量同步，用 tar 实现对小数据块的捆绑，设置同步进程的计时器时间为 60 s。QuickSync 系统的客户端和代理服务器由 2000 行左右的 Java 代码实现。为了提升运算效率，实现过程中设计了两个独立的进程分别执行分块任务和传输任务。客户端部署在一台装配有 1.2 GHz 双核 CPU，1 GB 内存的 Galaxy Nexus 手机上，代理服务器部署在一台装配有 2.8 GHz 四核 CPU，4 GB 内存的服务器上。

4.4.2 基于 Seafile 的系统实现

虽然原型系统中利用代理服务器的方式在 Dropbox 中部署了 QuickSync 系统，但是由于实验缺乏对客户端和服务器端的完整访问，基于代理服务器的实现会造成一些性能损失。例如，为了执行增量同步，代理服务器需要首先将文件从 Dropbox 服务器上提取到代理服务器上，用增量更新文件，然后再传输回原本的 Dropbox 服务器上。即使 Dropbox 和代理服务器之间的带宽足够大，这些代理服务器和目标服务器之间的交互开销还是不可避免地会对端到端的性能造成影响。

为了显示 QuickSync 系统被完整部署时对性能的提升，在性能评估实验中基于 Seafile 系统部署实现了 QuickSync 系统。Seafile 是一个个人云存储服务的开源项目。在 Seafile 上的 QuickSync 实现类似于 Dropbox。本实验修改了 Seafile 的客户端和服务器端来实现 QuickSync 系统。QuickSync 系统的客户端实现在一台装配有 2.6 GHz Intel 四核 CPU，4 GB 内存的 PC 机上，将服务器端部分部署在一台装配有 3.3 GHz Intel 八核 CPU，16 GB 内存的服务器上。类似地，QuickSync 系统也可以部署在其他操作系统之上。

4.5　系　统　评　估

为了验证 QuickSync 系统的有效性，本节首先验证网络可感知的动态分块方案对同步吞吐量的提升，然后验证改进后的增量同步方案对同步数据量的减少。进一步地，本节测量了捆绑传输策略对带宽利用率的提升。最后，本节利用现实环境下的真实用户数据，评估整个系统的整体性能。在每一个评估场景下，将原始的 Dropbox、Seafile 的性能和基于 QuickSync 系统的改进版本的性能进行对比。

4.5.1　基于网络状态的动态分块方案性能评估

首先对基于网络状态的动态分块方案进行评估，在不同的网络环境设置下测量同步吞吐量，并对比部署 QuickSync 系统前后的系统吞吐量。本研究从十个个人云存储用户那里采集了总共 200 GB 的数据。为了测量冗余消除的效果，随机地选取其中 50 GB 数据作为上传数据，选取剩余的 150 GB 数据作为已经存于服务器端的数据，用于冗余消除。本研究在不同的 RTT 网络环境下重复实验，同时定义同步速度为原始数据大小除以同步完成耗费的时间。此外，本研究还测量了客户端和服务器端的 CPU 利用情况，设置 Seafile 和 Dropbox 环境下的测试的最小网络延迟分别为 30 ms 和 200 ms。

实验结果如图 4.10(a) 所示，当 RTT 非常低时（例如 30 ms），因为可用带宽充足，客户端会选择相对保守的切块策略对要上传的数据进行切块。因此，系统的 CPU 资源消耗相对而言更低，部署 QuickSync 系统后的同步速度相对于原始系统提升了 12%。图 4.10(b) 的数据还表明，基于网络状况的动态分块方案可以自适应地根据网络变化选择合适的分块方案。在较差的网络环境下，选择更加细粒度的分块策略进行冗余消除，进而降低同步时间。因此，即便是网络的延迟增加了，动态分块策略仍然可以通过选择合适的分块方案来提升同步速度。综合而言，动态分块方案能够在各式各样的网络环境下获得最高 31% 的同步速度的提升。

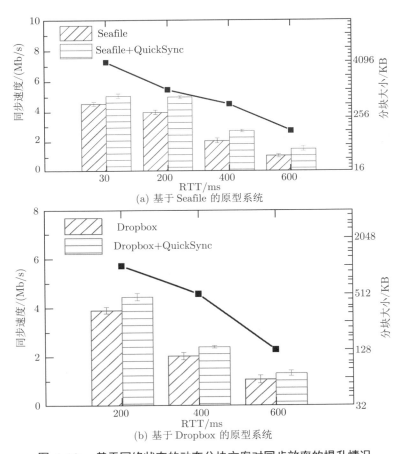

(a) 基于 Seafile 的原型系统

(b) 基于 Dropbox 的原型系统

图 4.10　　基于网络状态的动态分块方案对同步效率的提升情况

当网络延迟（RTT）不断升高时，QuickSync 系统会采用更加细粒度的分块方案，提升冗余消除效果，找出更多的冗余数据，进而提升在高延迟环境下的同步速度

图 4.11 给出了 QuickSync 系统的客户端和服务器端的 CPU 资源利用情况。因为原始的系统没有使用动态分块方案，也不会在变化的网络环境下动态地调整平均分块大小，所以原始方案的 CPU 利用率稳定不变，图 4.11 中画出原始的 CPU 使用情况作为基线。当 RTT 增加时，QuickSync 系统的客户端和服务器端的 CPU 负载均稳定上升。这是因为在 RTT 高的环境下，QuickSync 系统会选择更加细粒度的切块策略，降低平均分块大小，以获得更高的冗余消除效率。Seafile 的 CPU 利用率更低是因为 Seafile 实验平台的硬件性能更高。在两个系统的实现中，客户端的 CPU 利用率最高值分别为 12.3% 和 42.7%，均在可接受范围内。

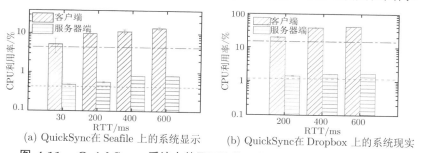

(a) QuickSync在 Seafile 上的系统显示　　(b) QuickSync在 Dropbox 上的系统现实

图 4.11　QuickSync 系统中基于网络状况的动态分块方案的系统开销

QuickSync 系统在客户端和服务器端产生的 CPU 开销均在可接受范围之内

4.5.2　增量同步算法效果评估

接下来评估增量同步算法对同步流量的降低情况。本实验将平均分块大小控制在 1 MB，以排除自适应分块造成的影响。执行与图 4.2 中相同的翻转操作、插入操作、删除操作，同时测量不同操作、不同系统下同步过程中产生的网络流量来计算它们各自的 TUO 值。

图 4.12 中显示了增量同步开销（TUO）的实验结果。对于翻转和插入操作来说，QuickSync 系统的增量同步算法在任何位置的 TUO 值都能接近 1，意味着 QuickSync 系统实现能够在所有的环境下只同步被修改的内容。注意到翻转或者插入操作在小文件（$\leqslant 100$ KB）上执行时，TUO 的值达到了 1.3，这是因为增量同步本身就会带来一些额外的数据传输开销。删除操作的 TUO 结果接近零，这是因为对于删除操作而言，客户端不需要上传修改的变量，只需要告诉服务器端把修改的部分在服务器上删除就可以了。

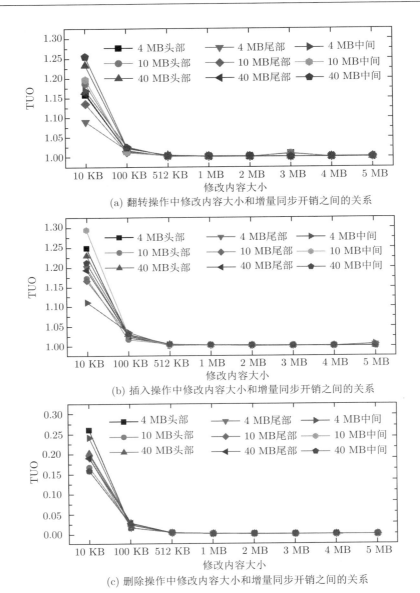

(a) 翻转操作中修改内容大小和增量同步开销之间的关系

(b) 插入操作中修改内容大小和增量同步开销之间的关系

(c) 删除操作中修改内容大小和增量同步开销之间的关系

图 4.12　**进行文件修改操作时，修改内容大小和增量同步开销（TUO）之间的关系**

当用户操作执发生在文件头部、尾部或者中间随机位置时，QuickSync 系统对于翻转和插入操作的 TUO 大小接近 1，说明同步过程中仅仅传输被修改的内容；而对于删除操作的 TUO 大小接近于 0，这是因为同步删除操作时只需要更新云端的元数据信息，将修改内容标记为已删除进一步的，为了研究 QuickSync 系统的增量同步算法在同步过程中的文件上执行时对同步流量的降低效果，同样执行了图 4.3 中相同的实验，并将实验结果统计在了表 4.4 中。在各种情况下，TUO 的值都接近 1，表明在任意的修改操作下，在任意的 RTT 环境中，QuickSync 系统的增量同步算法都只会同步新的修改内容，因为 QuickSync 系统会针对正在传输的文件进行增量同步。

表 4.4　同步过程中的 TUO 情况

RTT /ms	基于 QuickSync 的 Seafile 系统实现			基于 QuickSync 的 Dropbox 系统实现		
	# = 1	# = 3	# = 5	# = 1	# = 3	# = 5
30	1.2306	1.1795	1.1843	—	—	—
200	1.1152	1.2742	1.1834	1.1067	1.1777	1.2814
400	1.2039	1.2215	1.2420	1.1783	1.1585	1.2978
600	1.2790	1.1233	1.2785	1.2268	1.2896	1.1865

注：TUO 越接近 1 说明实际产生的同步数据开销越接近修改的数据量，也就是增量同步效果越好。

4.5.3　延迟捆绑传输方案的实验评估

类似地，本节评估延迟捆绑传输方案对于网络带宽利用率的提升情况。实验中将平均分块大小控制在 1 MB，以排除自适应分块造成的影响。在前述章节中，实验观察到个人云存储服务遭受了很低的带宽利用率（BUE），尤其是当同步许多小文件时。这里执行了和前文相同的实验来验证部署了延迟捆绑传输方案之后的系统的网络带宽利用率。

图 4.13 给出了 QuickSync 系统部署延迟捆绑传输方案之后在不同的网络环境下对 BUE 的提升情况。部署了延迟捆绑传输方案之后，QuickSync 系统可以达到最高 61% 的带宽利用率的提升。这是因为通过捆绑传输之后，当传输一系列的数据块时，客户端不再需要等待上一个块的 ACK 信息，就可以传输下一个数据块。在网络 RTT 很高的环境下，这种捆绑传输的策略有利于提升总体带宽的利用率。因此，在高 RTT 环境下传输大量的小文件时，可以看到与原始的方案对比，延迟捆绑方案会对 BUE 有非常大的提升。

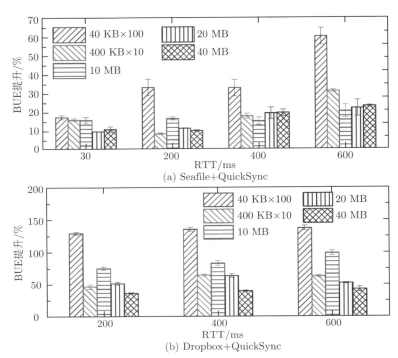

图 4.13　QuickSync 系统对于带宽利用率（BUE）的提升效果

　　每块确认机制的设计初衷是在当网络遭受了异常中断时，能够快速进行恢复，只重传那些没有得到确认的数据块。在 QuickSync 系统的延迟捆绑传输机制中，客户端不会让每一个传输的分块等待确认，而是在客户端上记录已经成功传输的数据量。现在我们来检查在异常的网络中断环境下，QuickSync 系统是否会增加网络传输的开销。实验上传一系列不同大小的文件，然后在同步过程中中断 TCP 的连接。一段时间之后恢复网络连接，此时客户端会重新建立新的 TCP 连接，完成剩下的同步过程。实验计算在这种断连环境下各个系统的同步数据量，并且计算 TUO 值，如图 4.14 所示。实验结果表明，在各种测试场景下，QuickSync 系统的 TUO 值都接近 1，且最高的 TUO 值也仅仅有 1.5 左右，意味着 QuickSync 系统实现并不会产生过高的网络恢复开销。在 QuickSync 的系统实现中，客户端在恢复同步之前会首先和服务器端进行通信，确认服务器已经收到的数据块，避免重复传输已经确认的数据块。

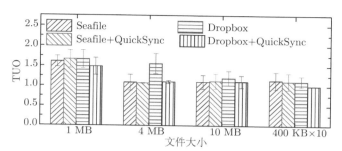

图 4.14 **QuickSync 系统产生的连接恢复开销**

4.5.4 对 QuickSync 总体系统的性能评估

最后，利用一系列的 Windows 和 Android 平台上的具有代表性的个人云存储服务的用户数据来评估 QuickSync 系统的总体性能。每一组用户实际使用过程中产生的负载包括了一系列的文件和对应的相关文件操作，例如创建、修改和删除文件，每一种操作都会触发同步操作。表 4.5，表 4.6 中统计了真实用户工作负载所包含的不同类型操作（如添加，修改，删除）的操作次数，以及对应工作负载下的同步流量和同步完成时间。我们将 QuickSync 系统的同步效率和另外两个已有的相关研究

表 4.5 在不同的真实场景下用户负载的同步流量

工作负载	操作次数			同步流量大小			
（对应平台）	C	M	D	原始系统	QuickSync	LBFS	EndRE
QuickSync 论文源码 (W)	74	0	0	4.67 MB	4.32 MB	4.18 MB	4.47 MB
Seafile 源码 (W)	1259	0	0	15.6 MB	14.2 MB	13.7 MB	14.9 MB
文档编辑 (W)	12	74	7	64.3 MB	12.7 MB	57.3 MB	60.2 MB
数据备份 (W)	37 655	0	0	2 GB	1.4 GB	1.1 GB	1.6 GB
文本编辑 (A)	1	4	0	4.1 MB	1.5 MB	3.7 MB	3.9 MB
图片分享 (A)	11	0	0	21.1 MB	20.7 MB	20.2 MB	20.6 MB
系统备份 (A)	66	0	0	206.2 MB	117.9 MB	96.4 MB	136.9 MB
应用备份 (A)	17	0	0	66.7 MB	36.6 MB	34.9 MB	41.3 MB

注：本书将 QuickSync 系统和原始的系统，以及 LBFS[55] 和 EndRE[60] 进行对比。文件系统中的事件及其缩写：C—文件创建操作；M—文件修改操作；D—文件删除操作；W—Windows 操作系统；A—Android 操作系统。

进行对比。LBFS[55] 是一种针对低带宽网络环境的远程文件系统，它利用细粒度的基于内容的分块方案来鉴别传输内容中的冗余信息，降低同步过程中的流量开销，提升同步效率。EndRE[60] 是一种面向终端系统的冗余消除技术。在本评估实验中，同样将原始系统的性能作为基线并进行对比。

表 4.6   在不同的真实场景下用户负载的同步完成时间

工作负载	操作次数			同步完成时间			
(对应平台)	C	M	D	原始系统	QuickSync	LBFS	EndRE
QuickSync 论文源码 (W)	74	0	0	27.6 s	17.9 s	31.4 s	19.8 s
Seafile 源码 (W)	1259	0	0	264.1 s	127.3 s	291.8 s	174.1 s
文档编辑 (W)	12	74	7	592.0 s	317.3 s	514.8 s	488.2 s
数据备份 (W)	37 655	0	0	68.7 min	43.1 min	83.4 min	55.6 min
文本编辑 (A)	1	4	0	24.4 s	14.3 s	46.8 s	21.9 s
图片分享 (A)	11	0	0	71.9 s	54.6 s	133.6 s	65.2 s
系统备份 (A)	66	0	0	612.3 s	288.7 s	762.4 s	402.8 s
应用备份 (A)	17	0	0	465.7 s	125.0 s	271.4 s	247.9 s

注：本书将 QuickSync 系统和原始的系统，以及 LBFS[55] 和 EndRE[60] 进行对比。文件系统中的事件及其缩写：C—文件创建操作；M—文件修改操作；D—文件删除操作。

本书首先将 Windows 平台上的真实用户负载重现于 Seafile 和基于 QuickSync 的修改版本之上。QuickSync 论文源码负载是通过上传本书相关的论文资料所产生的用户负载，Seafile 源码负载则是上传 Seafile 所有相关源码时所产生的同步负载。每一个负载都包含了许多小文件的同步，并且这两个负载没有包含文件的修改和删除操作。和原始的系统对比，虽然 QuickSync 系统对这两类负载的同步流量的降低不明显（分别为 7.5% 和 8.9%），但其实现可以分别降低同步完成时间 35.1% 和 51.8%。同步时间的降低主要源自 QuickSync 系统能够捆绑小文件的传输，进而大大提升了对网络带宽的利用率。注意到 Seafile 源码中包括了 1259 个独立的小文件。文档编辑负载在 Windows 平台下是通过修改 PowerPoint 文件而产生的。在 40 min 的时间内，在同步文件夹中修改 PowerPoint 文件，将一个 3 MB 的文件不断修改，最终变成了一个 5 MB 的文件。实验观察到此类负载中包含许多的创建和删除操作。这是因为在整个修改过程中，

PowerPoint 会在每一次修改之后产生一个临时文件，而这个临时文件的大小已经接近原始文件。在修改过程中，这个临时文件被不断地创建和删除，而原始系统又会不断的上传这个临时文件，造成大量的不必要的带宽浪费。QuickSync 系统的实现能够避免这种不必要的同步过程，大大降低同步过程中产生的同步流量。数据备份流量是一种非常常见的使用个人云存储系统的流量。这个流量包含了 37 655 个文件，各种类型的都有（例如文档或者音频、视频文件）。针对这种类型的用户负载，QuickSync 系统可以通过冗余消除和延迟捆绑传输技术降低 37.4% 的同步时间。

然后，本书使用类似的方法评估对 Android 平台上用户真实负载的同步效率改进情况。文本编辑负载和 Windows 平台上的文本修改操作类似，但是在移动平台上修改次数不像在笔记本电脑上那么多。QuickSync 系统可以降低大约 41.4% 的总同步时间。图片分享是手机平台上非常常见的同步负载，用户经常会利用手机上的云存储服务备份自己的图片。虽然图片内容大多数都是编码压缩之后的格式，很难再通过冗余消除技术得到数据量的降低，但 QuickSync 系统仍然能够通过延迟捆绑传输技术达到 24.1% 的总同步时间降低。系统备份负载是在手机上备份所有的系统设置、应用数据、应用配置信息而产生的，实验中在 3G 网络环境下执行这一备份操作。因为 QuickSync 系统能够根据不同的网络环境动态自适应地选择最合适的分块策略来减少冗余数据，同时利用延迟捆绑传输技术增加高 RTT 环境下的带宽利用率，最终 QuickSync 系统能够降低 52.9% 的总同步完成时间。应用备份是在移动过程中对手机数据进行备份的用户负载。在这个场景下，网络环境随着用户的移动不断变化。QuickSync 系统最终可以通过动态地选择合适的分块策略降低 45.1% 的同步传输开销，同时减少 73.1% 的总同步完成时间。

此外，还通过实验发现，对于实验中的大部分用户负载而言，低开销文件系统（lows badwidth file system, LBFS）总是能够获得最低的同步数据量，但是它的总同步时间却要大于其他几个解决方案，这是因为 LBFS 总是利用最激进的分块方案来进行冗余消除。在传输数据之前，LBFS 把所有文件切分成非常小的数据块，然后找出其中的冗余内容。然而，这种激进的分块方案会产生非常大的计算开销，因而并不总是能降低总的同步时间，尤其是在计算资源受限的移动终端上。此外，对于压缩过的文件，例如图片、视频等，冗余消除几乎不能进一步降低文件的大小。QuickSync系统因为能够根据不同的网络环境动态选择合适的分块方案，并且在高RTT 的网络环境下延迟和捆绑传输文件，因而比 LBFS 和 EndRE 能够获得更高的同步效率。

4.6　本 章 小 结

随着无线技术的发展，越来越多的用户在移动设备（例如手机、平板电脑）上使用个人云存储服务（例如 Dropbox，OneDrive）来进行协同办公或者文件分享。然而，现有的个人云存储服务并没有对移动无线网络环境下的高延迟、带宽受限、网络连接不稳定等因素进行优化，导致在移动场景下个人云存储服务面临同步效率低下等问题。本章针对现今主流的个人云存储服务进行了大规模的测量分析，从同步协议的角度找出了移动场景下同步效率低下的原因，并进一步设计了 QuickSync 系统。QuickSync 系统改进了现有同步传输协议，并利用网络自适应的冗余消除等技术，增强了在移动场景下个人云存储服务的同步效率，提升用户体验，同时能够降低数据同步造成的移动数据开销。

第 5 章　面向移动终端的高效稳定传输系统

　　无线网络环境和传统有线网络不同，常常会发生网络不稳定的现象，例如信号强度差、网络连接不稳定等。因此，在设计移动应用时，应用开发者需要考虑下层网络的不稳定性对上层应用用户体验的影响。然而，现有的移动平台上的网络协议栈仍然沿用了传统桌面环境的协议栈，并没有针对无线网络中的网络不稳定性进行重点优化，这导致在实际系统中，许多移动应用往往忽略了对网络断连和持续低带宽的处理，导致应用的传输性能、用户体验受到严重影响。本章将针对移动和无线网络传输环境，设计并实现面向移动终端的稳定、高效的传输系统——Janus 系统。Janus 系统运行于移动设备之上，帮助不同类型的移动应用程序处理无线和移动网络环境中复杂的网络异常，同时能够智能准确地选择合适的无线链路进行数据传输，降低传输时延开销。

5.1　概　　述

　　随着无线和移动网络技术的不断发展，移动终端（例如智能手机和平板电脑）已经进入到了人类社会的各个方面。在过去的数年时间里，无线网络的延迟和带宽性能都有了迅猛的发展[64,111]，迄今为止，无线和移动网络技术日趋成熟。然而，因为移动终端具有移动性，为了保证移动终端上应用的用户体验，无线网络技术除了需要提供低延迟和高带宽的性能保障之外，还需要提供稳定可用的网络环境。这是因为用户的移动可能导致信号强度的波动，同时可能出现网络中断等现象，影响上层应用的用户体验。本书将信号波动或者网络切换导致的网络异常统称为网络的不稳定性。

为了优化移动终端对不稳定网络环境的适应性，确保用户体验，本章首先进行了大规模的测量实验，量化分析了现有的移动和无线网络中的不稳定性，以及网络不稳定对上层应用用户体验的影响。实验表明，网络不稳定现象在当今的移动网络环境中是普遍存在的。测量数据显示，大约超过 30% 的移动用户每天会遭受超过 25 次的无线网络断连和 24 次的移动网络断连。类似地，超过 10% 的用户平均每天会遭受 6.8 次的无线信号剧烈波动和超过 42 次的移动网络信号剧烈波动。这里的剧烈波动指信号强度发生了超过 10 dB·m 的变化。除此之外，超过 10% 的用户在使用前台应用的过程中会遭受多次的网络中断和剧烈的网络波动。本研究的测量分析表明，网络的不稳定性在实际生活中是普遍存在的。

既然移动网络的不稳定性具有普遍性，为了确保上层应用的用户体验，应用程序应该正确地适应和处理下层网络的不稳定性。本实验进一步测量分析了现有移动应用程序对网络不稳定性的适应和处理能力。实验表明，大部分的移动应用仍然无法正确或高效地处理网络不稳定现象。本实验的测量结果显示，许多应用没有采取任何对网络异常的处理机制，使得当网络发生断连时，可能出现 UI 卡顿，甚至程序无响应等现象。产生这一现象的根本原因是，现有的移动操作系统上的网络协议栈沿用了原本桌面环境的协议栈。这些协议栈是为桌面和服务器环境设计的，并没有针对移动网络下的网络不稳定现象进行优化。因此，应用程序开发人员在编程过程中使用的 API 难以有效地处理复杂的网络异常[112]。例如，现有 Android 平台上常用的网络通信 API Socket 和 HttpURLConnection 都不支持网络异常的自动恢复和对多个无线接口的合理利用，因为这些 API 在设计之初就是为网络较为稳定的桌面和服务器环境所设计的。

许多现有工作围绕移动和无线网络中的不稳定性展开了研究[66,67]。例如，ATOM[67] 是一种能够处理网络异常的无缝切换技术。ATOM 需要在接入网络中添加一个额外的切换管理模块（interface switching service, ISS）。Cedos[66] 和 MPTCP[68-71] 在传输层尝试解决断连恢复问题，它们尝试设计应用于无线网络环境的新型传输层协议，从传输层解决网络异常等问题。然而，这些现有研究的局限性在于，它们需要修改现有网络的基础架构（例如基站等）、应用接口或者内核中的网络协议栈，实际部署难度很大。此外，虽然 MPTCP 在一定程度上能够解决因网络切换而导

致的网络断连问题，一项最近的研究成果[72-76] 表明，在移动终端上使用
MPTCP 会带来较大的额外能耗开销，缩短终端续航时间，同时对移动流
量的传输优化效果非常有限（例如对常见的网页浏览仅有 1% 的传输速
度提升[75]）。

为了克服现有方案的局限性，有效处理网络异常，保证上层应用的
用户体验，本章设计并实现了面向移动终端的高效、稳定传输系统——
Janus 系统。Janus 系统能够兼容现有的移动操作系统和应用 API，部署
时不需要修改系统内核或者修改应用源码。Janus 系统的设计原则包括：
① 透明的网络异常处理，要求能够正确地在底层自动处理网络异常，让
开发者能够将主要精力放在应用的业务逻辑上；② 灵活性，要求能够根
据不同的应用类型，灵活地处理底层的网络异常和信号波动，以满足上层
应用多样的用户体验。

本章为 Janus 系统设计并实现了三项关键技术。首先，设计了应用
自适应策略，能够对不同类型应用在不同环境下的 QoE 需求进行刻画和
描述；其次，设计了智能选路机制，能够针对不同的应用类型和当前的网
络状况，智能地为应用选择最佳的无线链路，保证用户体验；最后，设计
了快速恢复技术，使得系统能够正确、快速地从网络异常中恢复。

最后，本章将 Janus 系统实现在 Android 操作系统中，以系统服务
的形式运行于智能终端上。通过大量的性能评估实验，验证了 Janus 系
统的有效性。实验数据显示，对于真实的应用程序 Janus 系统能够降低
69% 的重新缓冲时间，增加 31% 的高质量语音通话时间。

5.2　移动及无线网络环境不稳定性测量与分析

无论是无线网络还是移动网络，在今天都被移动智能终端广泛的使
用。在过去的几年时间里，人们目睹了无线网络技术的飞速发展，带宽不
断增长，延迟不断降低[64,111]。为了确保上层应用的 QoE，网络传输的稳
定性和网络的延迟、带宽性能同样至关重要。然而，针对移动和无线网络
的稳定性和信号强度的波动情况的优化却少有研究。网络的不稳定性和
信号波动都会对上层应用的用户体验造成直接的影响。在本章，通过一个
大规模的测量分析工作，重点研究了 2000 个智能手机上的网络变化情况

和用户体验情况，量化地分析了实际场景下移动无线网络环境中的网络
不稳定性现象。

5.2.1　测量方法和用户数据集概述

本实验使用测量工具 eStar[113] 对移动和无线网络用户使用网络的情
况进行量化分析。该测量程序运行于手机上时，在后台周期性地采集当前
的网络情况。当手机处于开屏状态时，采样周期为 1 s；当手机处于关闭
屏幕状态时，采样周期为 5 s。采样的内容主要包括网络制式、信号强度、
屏幕打开和关闭事件，以及无线网络的连接和断开信息。

测量实验中将测量工具运行于 2000 个 Android 用户的手机上。对于
每台测量设备，工具记录其 6 ~ 48 天的网络使用情况。平均每个用户的
测量时间为 31.9 天。综合而言，测量工作所采集的数据集总共持续时间
为 61 112 天，涵盖了 342 款手机型号、16 款 Android OS 版本和 291 种
移动运营商类型。

5.2.2　数据集分析

（1）WiFi 和移动网络环境下使用时间分析

本节对测量实验所采集到的数据进行分析，首先分析 2000 台移动终
端对 WiFi 和移动网络的使用情况。图 5.1 中统计了 2000 个用户的网络
连接在以下几种状态下使用 WiFi 的时间分布情况：① 设备 WiFi 已连
接；② 设备 WiFi 断开，但是连接到了移动网络；③ WiFi 和移动网络都
没有连接。从统计的数据可以看出，用户连接到 WiFi 的时间近似地服从

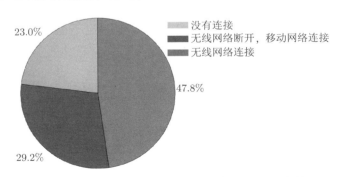

图 5.1　用户使用 **WiFi** 和移动网络的时间分布（见文前彩图）

正态分布。对于大部分用户而言，日常使用过程中 WiFi 的连接数量更多。实验还统计了终端设备使用 WiFi 的时间分布情况。图 5.2 绘制了 2000 台移动设备在上述三种情况下花费的时间的百分比。平均而言，参与本实验的 2000 台移动设备中平均花费大约 29.2% 的时间使用移动网络，47.8% 的时间内仅仅使用 WiFi，而剩下的 23.0% 的时间中，用户既不使用 WiFi 也不使用移动数据。

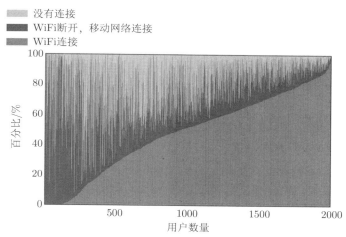

图 5.2　**WiFi 和移动网络下的使用状态分析**（见文前彩图）

（2）WiFi 和移动网络的网络切换情况测量与分析

接下来，统计和分析在移动网络环境下网络切换产生的频率和信号强度的波动情况。图 5.3 绘制了 2000 个用户日常使用移动设备时，WiFi 和移动网络之间进行切换的累计分布函数和信号强度波动情况。从图 5.3(a) 的统计结果中可以看出，有超过 30% 的移动设备平均每天会遭受超过 25 次 WiFi 相关的断连。移动网络连接的断连情况和 WiFi 类似，大约 10% 的移动设备在 WiFi 和移动网络之间的日均切换次数超过 7 次。在不同的网络技术之间进行切换可能会导致上层网络连接的中断，影响用户体验。图 5.3(b) 中统计了 WiFi 和移动网络的信号强度波动情况。数据表明，大约有 10% 的设备遭遇过 6.8 倍以上的 WiFi 信号强度衰减。显著的信号强度下降可能会降低网络吞吐量，甚至引起正在进行的网络传输的中断[65]。

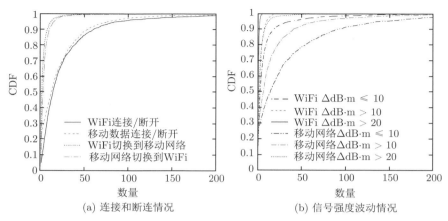

(a) 连接和断连情况　　　　　　(b) 信号强度波动情况

图 5.3　用户日常使用 WiFi 和移动网络的使用情况 CDF 曲线

（3）在网络会话进行过程中发生的 WiFi 和移动网络状态变化

此前的分析仅仅表明了一般情况下的网络连接变化情况。考虑到如果上层应用正在进行网络通信时发生的网络中断可能会对应用的用户体验造成严重的影响，进一步地，研究和分析了正在进行网络会话时发生的网络状态变化情况。图 5.4(a) 和图 5.4(b) 统计了应用正在进行网络会话时 WiFi 和移动网络的网络状态变化情况。如图所示，超过 30% 的移动设备每天会有 19 个和 15 个应用程序的网络会话会遭受来自 WiFi 和移动网络的网络状态切换影响。超过 10% 的设备有 3.2 个和 6.1 个应用程序网络会话遭受来自 WiFi 和移动网络的网络状态切换影响。同时，图 5.4 中统计的数据表明，超过 10% 的移动设备每天有 2.3 个和 8.4 个网络会话会遭受超过 10 dB·m 的 WiFi 和移动网络信号强度波动。

随后，本节还统计了前台应用程序的会话受到网络波动的影响情况，如图 5.4 所示。前台应用通常直接涉及用户互动，因此前台应用正在进行用户交互时发生的网络中断将严重影响用户体验。如图 5.4(c) 所示，在 WiFi 和移动网络环境下，超过 10% 的设备平均每天会遭受超过 3.9 次和 3.0 次发生在前台应用的网络中断。如图 5.4(d) 所示，超过 5% 的前台应用会话每天会遭受超过 10 dB·m 的 WiFi 或移动网络信号波动。

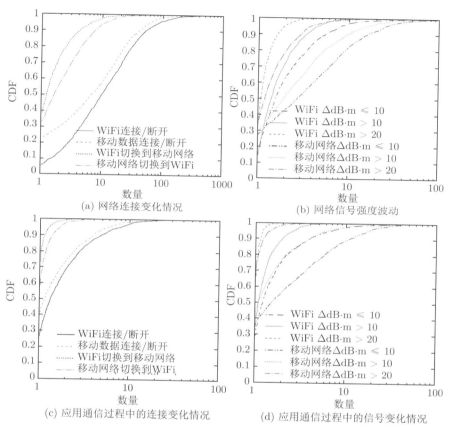

(a) 网络连接变化情况

(b) 网络信号强度波动

(c) 应用通信过程中的连接变化情况

(d) 应用通信过程中的信号变化情况

图 5.4　用户日常生活中的 WiFi 和移动网络使用情况以及网络切换情况

5.2.3　移动应用程序对网络不稳定状况的处理情况

上述的实验结果证明了现今的无线和移动网络环境中网络不稳定性是普遍存在的。进一步的，本章测量并分析了主流移动应用程序对网络异常和网络波动的处理情况。本章针对 Android 操作系统上的 27 个具有代表性的主流应用程序进行了测量分析，主要考察应用程序是否能正确处理网络性能波动和网络异常。本实验使用 Nexus 6 作为测试用机。

本实验首先测量现有的移动应用能否处理下层网络性能的波动情况。在实验中，将应用程序运行在智能手机上，执行一系列网络传输任务。与此同时，将手机置于以下三种网络环境下：① 低 WiFi 信号环境：将智能手机放置于一个 WiFi 信号远远比 LTE 信号差的网络环境下；② WiFi

信号不稳定的环境：初始时将手机放置于 WiFi 信号很好的环境下，接着逐渐将手机向远离 AP 的方向移动，然后改变方向往接近 AP 的方向移动；③ WiFi 网络拥塞的网络环境：使多个手机共享同一个 WiFi AP，同时不断增加接入 WiFi 的移动终端的数量。

表 5.1 中绘制了 27 个应用程序在执行某一网络任务的时候对无线接口的选择情况。"不支持"意味着应用程序不会智能地进行网络接口的切换，只是被动地依据操作系统默认的网络接口来进行数据传输。"WiFi 优先"表示不管当前 WiFi 和移动网络性能如何，只要有 WiFi 信号存在，应用就会主动地选择 WiFi 接口进行数据传输。但是这种"WiFi 优先"在面对多样的应用类型和不断发展的移动网络技术面前显得非常不灵活。对于带宽密集型和延迟密集型应用而言，"WiFi 优先"的接口选择方案非常不利于保证良好的用户体验。例如，在前述环境 ① 条件下，假如当前移动网络良好，而应用对延迟的要求非常高，此时切换到移动网络可以显著提升用户体验。

表 5.1　主流移动应用对网络状态变化的处理情况

分类	应用名称	网络任务	接口选择	恢复时间/s (网络异常时间为 3 s, 5 s, 10 s)
浏览器	Chrome	加载图片	不支持	用户界面 (user interface, UI) 卡顿
		加载动态页面	不支持	6.5 / 8.5 / 14.8
	OperaMini	加载静态页面	不支持	UI 卡顿
文档编辑	Evernote	上传笔记 移动笔记本	不支持	8.4 / 无法恢复 / 无法恢复 无法恢复
	OneNote	上传笔记	不支持	8.7 / 无法恢复 / 无法恢复
生活类	Zomato	加载页面	不支持	无法恢复
	Moovit	路线查询	不支持	无法恢复
旅游类	Airbnb	加载页面	不支持	UI 卡顿
	Momondo			无法恢复
	Google Map TouchChina	加载地图	不支持	UI 卡顿 9.3 / 14.3 / 18.6
新闻类	Flipboard	加载新闻	不支持	UI 卡顿
	BBC News			无法恢复

续表

分类	应用名称	网络任务	接口选择	恢复时间/s (网络异常时间为 3 s, 5 s, 10 s)
在线消费	Amazon Zappos	加载页面	不支持	无法恢复
流媒体	YouTube	流媒体播放 加载页面	WiFi 优先	8.6 / 无法恢复 / 无法恢复 无法恢复
	Youku	流媒体播放 加载页面	WiFi 优先	10.7 / 14.6 / 18.9 无法恢复
	JusTalk Skype	VoIP	不支持	8.9 / 12.7 / 流媒体播放 流媒体播放
	Douyu Live	视频直播	WiFi 优先	8.7 / 10.3 / 17.6
文件下载	Dropbox	上传文件 移动文件	不支持	8.8 / 15.5 / 18.7 流媒体播放
	BaiduCloud	下载文件	WiFi 优先	9.1 / 12.9 / 17.2
	Google Play	下载文件	不支持	8.6 / 13.0 / 18.4
图片类	500px	下载图片 上传图片	不支持	7.7 / 18.2 / 20.9 无法恢复
社交网络	Facebook	加载图片	不支持	UI 卡顿
	Twitter	加载页面 加载短视频	不支持	无法恢复 无法恢复
	LinkedIn	加载页面	不支持	无法恢复
	Quora	加载页面	不支持	无法恢复

注：实验表明，许多现有的移动应用无法根据自身 QoE 需求选择最佳的无线接口。此外，大量应用无法正确地处理网络切换造成的网络异常现象，可能出现应用假死现象。虽然有部分应用能够处理网络异常，但是它们的处理延迟较高。

其次，现有的接口管理方案无法适配动态变化的无线网络环境。图 5.5(a) 绘制了在环境 ② 下观看 YouTube 视频时信号强度和吞吐量的变化情况。当手机逐渐离开当前 WiFi 网络时，因为信号强度逐渐降低，有效带宽也不断降低，甚至低于视频所需的分辨率。在这种情况下，手机仍然坚持停留在带宽受限的 WiFi 网络下。最后，因为距离 AP 过远，WiFi 连接完全丢失的时候，系统才连接到可用的移动网络。图 5.5(b) 显示了从移动网络靠近 WiFi AP 时的网络切换情况。在移动过程中，虽然 WiFi 网络可用，但是因为信号强度很低，可用带宽有限，主动切换到

WiFi 网络使得视频应用正常播放所需要的带宽无法得到满足，导致视频卡顿。

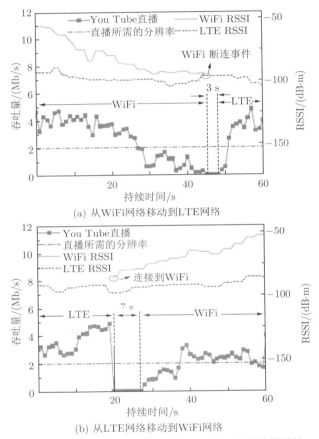

(a) 从WiFi网络移动到LTE网络

(b) 从LTE网络移动到WiFi网络

图 5.5　现有 WiFi 优先网络接口选择策略的局限性

系统无法选择最优的无线链路来保证上层应用的用户体验

最后，现有的接口管理策略本质上是一个设备粗粒度的流管理方案，即一旦选择了某个链路，单个设备上的所有流量都会通过这一被选择的无线接口。图 5.6 显示了环境 ③ 情况下应用的带宽变化情况。初始状态下，在手机上运行 YouTube 应用进行视频播放。随着应用数量的增加，多个应用在流量上产生了竞争，最终无法满足视频所需的分辨率，造成卡顿。

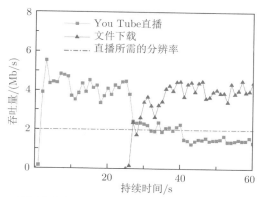

图 5.6　现有链路选择策略无法处理多设备之间的带宽竞争现象

综上所述，本实验发现绝大部分移动应用只是被动地遵循底层系统的 WiFi 优先策略或被动地使用系统提供的无线网络接口，无论底层的网络状况如何，移动应用并不会主动选择最合适的网络情况。

5.2.4　移动应用对网络异常的处理情况研究分析

移动网络中的网络不稳定现象非常普遍。应用程序应该正确地处理网络不稳定性以保证用户体验。接下来，本实验测量现有主流应用程序对网络异常的处理情况。为了模拟网络异常，实验中将手机先连接到一个 WiFi AP 上，在数据传输过程中关掉 WiFi，中断若干秒之后重新启动 WiFi。中断的时间设置为 3 s，5 s，10 s。表 5.1 中总结了不同应用对网络中断的处理情况。

实验结果表明，大部分应用程序无法正确地处理网络异常，导致用户体验不佳。首先，实验发现许多应用无法处理网络异常，例如，对于 OperaMini 浏览器而言，在加载静态页面时如果发生了网络中断，其无法从异常中自动恢复，应用界面发生卡顿。其次，一些应用程序只能处理短时间的网络异常，而在出现长时间网络异常时会发生卡顿，例如 JusTalk 应用无法处理超过 5 s 的网络异常。最后，实验还发现同一个应用的不同网络操作可能对网络异常有不同的响应情况。例如，对于 Dropbox 而言，移动文件操作无法应对任何网络异常，但是在执行后台文件上传时可以从网络异常中自动恢复连接，完成同步。

除此之外，虽然一些应用能够自动从网络异常中恢复过来，它们的恢复速度非常缓慢，这同样会导致用户体验不佳。例如，当网络中断的时间为 3 s，5 s，10 s 时，许多能够恢复的应用的恢复时间远远超过了网络中断的时间。例如，YouTube 播放视频时，耗费了 8.6 s 的时间来处理 3 s 的网络异常。由此推测，许多应用采用了非常低效率的异常恢复策略，所以导致了异常恢复效率低下的现象。

另一方面，Android 系统本身在处理网络异常时响应速度较慢。本实验在 WiFi 和 LTE 网络中分别进行了一项简单的测试，通过一个客户端程序不断发送 UDP 报文。在数据传输过程中让手机的无线网络连接断开，然后在某一时刻打开网络接口，观察系统检测到网络恢复的快慢程度。图 5.7 中显示了手机在发送 UDP 报文时，网络连接发生变化，对应的 UDP 吞吐量发生的变化。对于 WiFi 实验，T_1 时刻打开 WiFi 接口，在 T_2 时刻 Android 系统才检测到底层的网络变化，但是实际上 T_2 时刻 UDP 的吞吐量已经大于零，说明网络已经可用。T_1 和 T_2 之间的差值约为 4 s 的时间，这就意味着即便是底层网络已经恢复，系统还需要大约 4 s 的时间才能检测到网络状态的变化，通知应用程序重新建立连接。类似地，对于 LTE 网络，系统需要花费大约 3 s 的时间才能检测到底层网络已经恢复。这种 Android 系统框架和底层网络的延迟是导致移动应用异常处理效率低的重要原因之一。

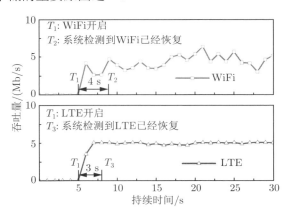

图 5.7   Android 系统框架和底层网络之间的延迟

综上所述，本实验发现大部分现今的移动应用无法正确或者高效率地处理因为无线网络切换而造成的网络中断现象。

5.3　Janus 系统设计

5.3.1　设计目标

为了正确而高效地处理移动网络中的网络不稳定，保证上层应用程序的用户体验，本研究设计并实现了面向移动智能终端的高效、稳定的传输系统——Janus 系统。Janus 系统能够根据上层应用不同的用户体验需求和当前的网络环境为应用选择最佳的链路，同时可以处理因网络切换导致的网络中断。Janus 系统主要围绕以下几个目标进行设计和实现。

（1）通过智能链路选择保证不同类型应用的用户体验。所设计的系统应该具有灵活性，必须能够适应多样的用户体验需求。系统应当能够适应动态变化的网络环境，并且执行细粒度的链路选择策略。链路选择应该是以应用为粒度的，而不是以终端为粒度的。例如，同一终端上的不同应用的流量，应该可以被分配到不同的接口上，以保证不同应用的用户体验。

（2）无缝、高效率的网络异常处理。当网络异常发生时，系统应该能够无缝且快速地从网络异常中恢复，同时不应当给应用程序的开发者添加额外的开发负担。

（3）兼容现有系统和应用接口。系统必须和现有操作系统和编程接口相兼容。同时，部署本系统不希望修改现有的应用接口、操作系统内核或者网络基础架构。

（4）适应多种网络异常。现实中的网络异常按照持续时间可以分为长断连和短断连。本书定义短断连为从一个网络快速切换到另一个网络时发生的短暂中断，而长断连定义为因为网络彻底丢失而造成的长时间的网络中断。系统对于短断连应当可以自动处理，而对于难以恢复的长断连则应该通知用户。

5.3.2　架构设计

Janus 的系统架构如图 5.8 所示。总体而言，Janus 系统在实际应用中以系统服务的形式运行，位于应用程序和操作系统之间，根据实时的网络状况和应用类型为不同的应用选择最佳的无线链路。为了达到上述设计目标，Janus 系统中主要包括应用自适应策略、链路选择器和本地的流

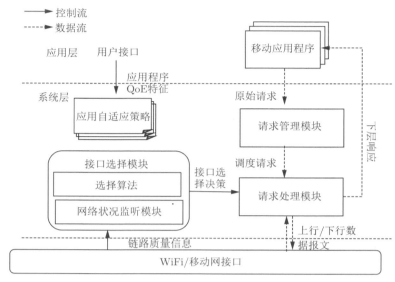

图 5.8　Janus 系统架构

管理器三个部分，合理、充分、智能地利用下层网络接口，保障上层应用的用户体验。

5.3.3　应用自适应策略

Janus 系统设计了一种以应用为粒度的自适应策略，用于刻画不同应用的用户体验需求。同时 Janus 系统通过一个可视化的图形界面向用户提供了一个可个性化定制的交互接口，用于设置对应用程序的用户体验需求。自适应策略的设计遵循以下几个原则：① 所设计的自适应策略必须能覆盖多样的应用类型，例如延迟敏感型应用、带宽敏感型应用等；② 自适应策略应该适配于应用的不同状态，例如，同一个应用可能运行于前台或者后台；③ 自适应策略的用户接口应该简单易用。

1. 基于终端状态信息的自适应策略

为了适用于多种类型的应用，Janus 系统设计了三种类型的自适应策略：① 流量敏感型策略，用于优化应用的移动网络流量开销。通常移动网络的用户都会有移动流量限制，这种优化移动网络流量开销的策略适用于延迟不敏感型的应用。② 延迟敏感型策略，用于优化用户感知的延迟，适用于实时的交互应用。③ 带宽密集型策略，用于优化应用可使用的网络带宽，适用于如流媒体等应用程序。对于每一种策略，Janus 系统允许用户设置性能要求（定义为高、中、低三档），用于控制流量、延迟和带宽的性能需求。

　　在实际运行过程中，Janus 系统会监听当前移动终端的各种状态信息，如网络类型、网络连接、应用运行于前台或者后台等。Janus 系统通过一个环境监控模块监听当前系统的各种状态。具体而言，环境监控模块会监听当前手机的以下状态信息。

　　（1）电量状况。Janus 系统会监听实时的手机电量情况，判断当前设备是否处于低电量状态。在 Android 系统中，电量情况是通过 Android 的软件框架获取的，这个软件框架会维护一个硬件接口抽象层（hardware abstraction layer，HAL），HAL 是上层应用和底层硬件之间的中间件。虽然可以通过 Android 系统的 Java API 来读取电量信息，在本实验中 Janus 系统使用绕过 Android 库的方式直接读取底层状态信息，进而避免因频繁读取信息导致的额外系统开销。因为 Android 使用的是 Linux 内核，因此底层的硬件信息都通过系统文件/sys/class 维护。因此，Janus 系统中设计了一个独立线程，周期性地读取系统配置文件中的底层硬件信息，得到实时的电量变化情况。

　　（2）网络连接变化情况。Janus 系统实时地监听当前设备正在使用 WiFi 网络、移动网络或者处于无线网络不可用状态。实际系统中，通过 Android 框架的网络监听接口探测网络状态时系统开销较大。因此 Janus 系统设计了一个直接监听底层网络状况的独立线程，能够对底层的网络连接变化情况进行轻量级的快速响应。

　　（3）应用属性。Janus 系统会监听一个正在运行的应用程序运行在前台进程中还是后台进程中。在 Android 系统中应用程序通过一个 Activity 类来控制 AI 变化。Activity 的状态通过 Android 的软件框架控制。Janus 系统会采集系统中所有正在运行的应用程序的包名，然后向系统查询对应程序的运行状态。

2. 应用网络请求调度算法

　　对于运行于移动终端上的应用程序的网络流量，Janus 系统会根据用户为应用设置的自适应描述策略和终端当前的网络状态，合理地为不同应用的网络请求进行调度，以最大化地保证上层应用的 QoE 体验。为了对来自不同应用的网络请求进行统一调度，Janus 系统内部维护了两个请求队列——实时响应队列和延迟处理队列。

上文中已经介绍了 Janus 系统使用的三个描述应用 QoE 需求的基本策略。Janus 系统的网络请求调度算法的基本思想是：① 对于实时响应队列中的网络请求，尽可能快地使用最佳无线网络接口进行数据发送；② 对于延迟处理队列中的请求，根据它们各自的紧急程度将它们推迟到合适的时间点进行数据发送。推迟发送的主要好处是，对于一些延迟不敏感的应用（如邮件、照片备份等），延迟到 WiFi 网络进行捆绑数据发送可以降低功耗和移动网络的流量开销。

表 5.2 中总结了在不同的状态下对设置了不同策略的网络请求的处理方式。在 Janus 系统所维护的两个请求队列中，实时响应队列中的请求优先级最高，一旦网络可用，会优先处理实时响应队列中的请求。对于延迟处理队列中的请求，会基于其应用特征推迟到一个合适的时间点进行发送。

表 5.2 在不同的状态下对设置了不同策略的网络请求的处理方式

自适应策略类型	当前状态	执行操作
延迟敏感型	无线网络可用	添加请求到实时响应队列
	其他条件	添加请求到延迟处理队列
带宽敏感型	(1) 应用运行在前台时 (2) WiFi 网络可用，没有其他未处理的延迟敏感请求，且当前设备不处于低电量状态	添加请求到实时响应队列
	其他条件	添加请求到延迟处理队列
流量敏感型	WiFi 网络可用，没有其他未处理的延迟敏感请求，且当前设备不处于低电量状态	添加请求到实时响应队列
	其他条件	添加请求到延迟处理队列

注：数据请求会根据当前的状态和所设置的策略被分配到不同的处理队列中。

　　本实验为 Janus 系统设计了网络请求调度算法，能够根据自适应策略和当前的状态合理地推迟网络请求的发送时间，降低网络传输的功耗，节约移动数据流量。假设 $S = \{s_1, s_2, \cdots, s_n\}$ 为对一组请求的调度，其中请求 i 经过调度后在 s_i 时刻被发送。当请求 i 在时刻 s_i 发送时，终端的射频管理模块会切换到高能耗状态，然后将数据发送出去。数据发送完毕之后，系统还要在高能耗状态继续保持 T 秒，这里的 T 秒被称作尾时间。因此，Janus 系统的请求调度算法的目标就是寻找一个可行的调度，同时要把整个传输过程中处于高能耗状态的时间降到最低。

　　请求调度算法如算法 5.1 所示。算法的基本思想是将网络请求尽可能地延迟到截止时间并捆绑传输。假设 D 为上一次发送数据的时间，d 为当前调度中下一次发送请求的时间。condition$_i$ 是触发请求 i 发送的必要条件。如果到达的时候距离 D 只有不到一个完整的尾时间，那么设置请求 i 的调度时间为 d。每一次算法被执行，D 和 d 的值都需要更新。

算法 5.1　　网络请求调度算法

输入：D, d, d_i,当前状态 condition$_i$
输出：s_i

1: /* 假设 D 为上一次发送数据的时间，d 为当前调度中下一次发送请求的时间 */
2: **if** condition$_i$ 不满足 **then**
3:　　设置 $s_i = $ unpredictable
4:　　返回 s_i
5: **end if**
6: **if** $D + T < d_i$ **then**
7:　　设置 $D = d_i$, $d = d_i$, $s_i = d_i$
8:　　返回 s_i
9: **end if**
10: **if** $d_i > d$ **then**
11:　　设置 $s_i = d$
12:　　返回 s_i
13: **else**
14:　　将所有 D_Queue 中的 s 设置为 d_i
15:　　设置 $s_i = d_i$
16:　　返回 s_i
17: **end if**

5.3.4　智能无线链路选择机制设计

Janus 系统通过智能无线链路选择模块为不同的应用程序智能地选择最佳链路。链路选择模块主要包含两个重要部分——网络状态监听器和链路选择算法。

1. 网络状态监听器

网络状态监听器用于监听当前所有可用网络的实时状态信息。具体而言，需要监听的有当前 LTE 数据接口以及 WiFi 接口的性能情况。对于 LTE 接口，本实验中采用此前的研究工作[114-116]中基于 LTE 信号强度的方法来预测其性能；对于 WiFi 接口，由于其较容易发生拥塞，加之用户更偏爱使用 WiFi 进行"免流量"上网，因此 Janus 系统采用每隔一段时间进行主动探测 RTT 的形式来探测 WiFi 接口性能。

在实际部署过程中主动探测 RTT 时，Janus 系统通过 ping 一个稳定的服务器来获得 RTT 值。这个稳定服务器，在综合考虑可用性、稳定性、高效性之后，比较理想的选择是 DNS 服务器。主动探测的周期，应视具体情况确定，该周期不能过长或过短。若周期过长，则主动探测的 RTT 值不满足实时性的要求；若周期过短，则又会带来较大的能耗。

2. 链路选择算法

原则上，链路选择应满足以下三个原则：① 为节省数据流量开销，当 WiFi 和 3G 接口同时能够满足性能要求时，算法应优先使用 WiFi 链路；② 算法所引入的链路切换延时应尽可能低；③ 由于链路切换总会带来一定开销或损失，算法对于链路质量的偶然下降不应过于敏感，以避免频繁切换。关于原则 ③，可以考虑这样一种情况：当设备在用户移动过程中偶然经历非常短暂的链路信号骤降、信号干扰等情况时，较合适的做法应当是保持当前连接、不进行接口的切换，而不是立即切换到另一接口上。

为满足原则 ①，Janus 系统将 WiFi-LTE 的性能组合情况分成了三个不同的区域表示，如图 5.9 所示。三个区域用对应的三个不同的条件来表示，对三个不同条件的设定如下。

(1) **条件 1**：此时 WiFi 性能已经达到性能要求（performance requirement，PR），根据原则 ①，选择 WiFi 接口；

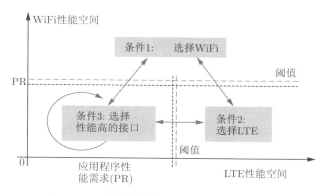

图 5.9　在不同网络环境下的链路选择方法

(2) **条件 2**: 此时 WiFi 性能达不到 PR, 而 LTE 达到 PR, 选择 LTE 接口;

(3) **条件 3**: 此时 WiFi 和 LTE 都达不到 PR, 为尽可能地满足上层应用的 QoE 需要, 应根据实际情况选择相对性能较好的那一个接口。因此这里的条件 3 实际包含 ① 条件 3.1: LTE 性能更好以及 ② 条件 3.2: WiFi 性能更好。

表 5.3　Janus 的链路选择算法的设计细节

当前状态	触发切换的条件	
场景 1 (WiFi)	$T_W < \text{Thb}$ $T > \text{Tht}$　(to C2), $T_L > \text{PR}$	$PR > T_L > T_W$ $T > \text{Tht}$　(to C3.1)
场景 2 (LTE)	$T_W > \text{Thb}$ $T > \text{Tht}$　(to C1) ,	$PR > T_W > T_L$ $T > \text{Tht}$　(to C3.2)
场景 3.1 (LTE)	$T_W > \text{Thb}$ $T > \text{Tht}$　(to C1) , or	$PR > T_W > T_L$ $T > \text{Tht}$　(to C3.2)
场景 3.2 (WiFi)	$T_L > \text{Thb}$ $T > \text{Tht}$　(to C2), or $T_W < \text{PR}$	$PR > T_L > T_W$ $T > \text{Tht}$　(to C3.1)

注: 表中显示了在不同的场景下触发链路切换的条件。Thb: 性能阈值; Tht: 时间阈值。T_W: WiFi 网络的性能。T_L: LTE 网络的性能。

为满足原则 ②, 本实验进一步设计了一个比 PR 值稍高的预切换阈值 Thb, 可以表示为 $(1 + \beta) \cdot \text{PR}$, 其中 β 是一个正数。设计原因如下。

在实际情况中，从打开一个接口到其真正可以使用需要经历 $1 \sim 3$ s 的硬件延迟。为降低切换时延，容易想到的一个解决方案是一直将两个接口同时打开，但这样显然会引入很大的能耗开销，此时我们设置的预切换阈值 Thb 就发挥了作用。以条件 1 切换到条件 2 这个场景为例，当 WiFi 性能开始低于阈值时，系统判断接下来很可能要进入条件 2 了，因此提前将 LTE 接口打开；当 WiFi 性能低于阈值时，LTE 接口早已打开，可以直接使用。如此就节省了等待硬件延迟的时间，符合原则 ②。

为满足原则 ③，又需要预切换阈值发挥作用。当性能首次低于 Thb 时，系统并不立即执行切换接口操作，而是启动一个 Timer 并开始计时；若在设定的阈值时间段内，当前接口的性能始终低于 Thb，这时才切换到备用接口上。由于时间阈值的缓冲机制，这种方法能够较好地降低系统对链路低质量表现的过敏感性。

上文中出现的 β、PR、Thb 等值，需要根据具体场景进行确定，在后文的系统实现中会给出具体的参考数值。

5.3.5　多接口高效切换机制设计

Janus 系统通过流管理模块处理下层网络的异常，同时智能地将不同应用的数据流分配到合适的无线链路上。Janus 系统的流管理器具有如下两个关键功能：① 根据链路选择器算法的输出结果快速进行接口切换；② 将上层应用的流量引导至所选链路接口上。

关于流量的引导，实际就是根据当前所选的接口，将上层应用的流量通过调度算法引导至该接口上，从而实现对应用的流量转发，以及外网与应用的数据交互。同时，考虑到前向兼容性，整个切换或者流量转发过程对于应用来说应是透明的。Janus 系统通过 Android 平台上的 Iptables 和 redsock 实现应用透明型的流量转发和重定向。Iptables 是一个应用层的应用程序，它通过调用内核防火墙框架 Netfilter 所设置的规则，对存放在内核内存中的路由配置表进行修改，从而达到数据包过滤、数据包处理、地址伪装、透明代理、网络地址转换、包速率限制等功能。

具体地，网口数据包由底层网卡接收，通过数据链路层的解包之后（去除数据链路帧头），就进入了 TCP/IP 协议栈（本质就是一个处理网络数据包的内核驱动）和 Netfilter 混合的数据包处理流程中，这是下行链路的数据包传送流程。对于上行链路而言反之亦然。在本方案的流管理器中，利用了这种功能将应用与网卡在逻辑上隔离开。以上行链路为例，对每一个重定向至流管理器的数据包，Janus 系统将其源 IP 地址和端口号修改成本地代理分配的新 IP 地址和端口号，然后根据链路选择器输出的当前最佳网络接口，发送请求并接收数据，从而实现网络传输的低延时抖动。Janus 系统在多接口同时传输过程中进行数据调度的执行步骤如下：

(1) 设定一个会根据实时网络状态改变大小的数据块（大小适中），每发送一个数据块后判断当前所选网口是否最佳；

(2) 若当前接口工作状态不佳（延时过高、吞吐量过低），则切换接口，将后续数据块通过新接口发送；

(3) 对于已经发送而未接收到应答的请求，Janus 系统会在另一个接口上重新发送该请求。这个过程会引入一定的数据冗余，因此要求数据块不能设置得过大；

(4) 对于互不相关的请求（例如不同应用之间的请求一般不存在依赖性），Janus 系统会考虑将它们合理分配到不同路径进行传输，以提升并行传输吞吐量。

5.4　Janus 原型系统实现

本实验在搭载有 Android 6.0 系统的 LG Nexus 6 手机（2.0 GHz 8 核 64 位 CPU，3 GB 内存）上实现了 Janus 系统。Janus 系统以系统服务的形式运行于操作系统中，Janus 系统的核心模块主要包括 3500 行 Java 代码。在本实验的部署中，为应用的自适应策略的高、中、低设置分别设定了具体的参数。对于带宽密集型策略，设置高、中、低三档性能要求分别映射到 5 Mb/s，3 Mb/s，1 Mb/s 的带宽开销，这些带宽设定参照了 YouTube 中播放高、中、低分辨率视频对应的带宽需求[117]。在延迟敏感型策略中，分别设置性能需求为 200 ms，400 ms，600 ms 的延迟，这一设定参照了参考文献 [118] 中对延迟敏感型应用的延迟建议。对于流量敏感型策略，设置高级约束为仅可使用 WiFi 网络，中级约束和低级约束分别为将移动网络的请求延迟 1 天/小时后发送。在当前的系统实现中，设置带宽阈值 $\beta = 0.2$，计时器 Tht = 3 s。

图 5.10 显示了 Janus 系统的图形用户界面，以便让用户为各个应用程序配置适应策略。在里面的例子中，用户设置一个中等性能级别的吞吐量敏感的策略和高优先级的前台流量的 YouTube，以及 Dropbox 的成本敏感政策，如果 WiFi 可用，则同步其背景流量。

图 5.10 展示了 Janus 系统的用户接口，用户可以通过此接口来调整对不同应用的用户体验需求。在图中，用户为 YouTube 的流量设置了中等性能要求的带宽敏感型应用策略，为 Dropbox 的后台流量设置了流量敏感型策略，并且仅仅允许在 WiFi 网络可用的情况下的后台数据传输。

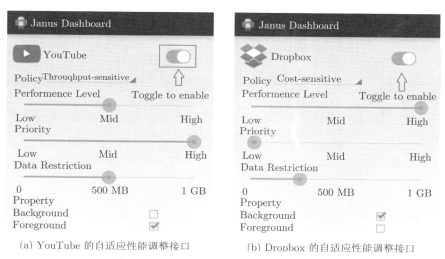

(a) YouTube 的自适应性能调整接口   (b) Dropbox 的自适应性能调整接口

图 5.10   Janus 系统的可视化用户接口

5.5   系 统 评 估

5.5.1   对 比 方 案

系统评估实验中，首先对比 Janus 系统和其他常用的 Android 传输框架的性能对比。在对比实验中，首先利用 Android 平台上最基础的网络编程接口之一 HttpURLConnection (HUC) 实现一个简单的数据发送程序，对比简单的数据传输功能在部署 Janus 系统前后的传输性能。除此之外，本实验还利用三种主流的传输框架 Volley[119]，OkHttp[120] 和

HttpClient[121] 实现了相同的传输功能，并进行性能对比。在实验过程中，其他不相关的应用程序会被关闭以排除影响。在能耗相关的实验中，通过 Monsoon PowerMonitor[122] 来测量应用的功耗情况。

5.5.2　Janus 系统和其他传输框架的性能对比

1. 带宽、CPU 和 RAM 资源使用情况

本节首先对比 Janus 系统和其他传输框架的带宽大小、CPU 和 RAM 资源使用情况。对于每一组测试，使用不同的传输框架下载同一个 Web 页面多次，计算平均的页面完成时间和资源开销的平均值，实验结果显示在图 5.11 和图 5.12 中。如图所示，因为 HUC 是 Android 最基本的数据传输 API 之一，因此 HUC 能够达到最高的吞吐量和最低的系统资源开销。 Janus 的吞吐量要高于其他三种传输框架，与 HUC 非常接近。除

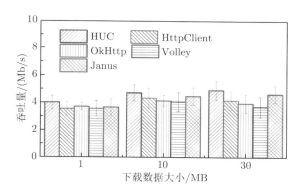

图 **5.11**　　不同方案的吞吐量对比情况

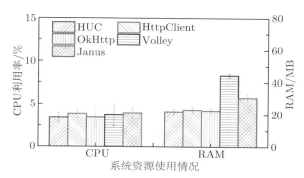

图 **5.12**　　不同方案的 **CPU** 和 **RAM** 使用情况对比

了 Volley 之外，每一种实现方式的 CPU 和 RAM 开销都非常接近，而
Volley 会产生比其他方案更多的 RAM 资源开销。

2. 处理网络异常的效果

接下来，本节评估了不同方案处理网络异常的能力及效率。本节使用
前文中测量部分的方法制造网络延迟。因为 HUC 是最基本的网络传输
API 且没有实现异常处理功能，在此仅仅对比 Janus 和其他三种传输框
架处理异常的能力，实验结果如图 5.13 所示。实验结果表明，对于 3 s，
5 s，10 s 的短暂网络延迟，Janus 相比于其他方案至多能降低 37.18%，
34.93%，30.56% 的页面加载时间（包括数据传输和异常恢复的时间）。
此外，实验还发现使用的三种对比实验在恢复异常的过程中，会周期性
地检查底层网络的可用性，并且其恢复时间和检查周期关联紧密。Janus
的快速恢复主要得益于异步地探测底层的网络状况，一旦底层网络恢复，
Janus 能够在第一时间获取网络变化信息，并重新恢复连接。

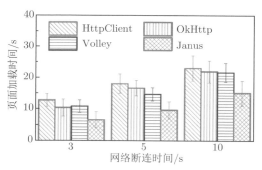

图 5.13   页面加载时间

为了评估请求管理器如何通过灵活的请求调度来帮助降低能耗，实
验比较了短期（3 s）和长期（60 s）中断下不同网络库的能耗。同样，由
于 HUC 无法从网络中断中恢复，因此本实验中忽略了它，实验结果如
图 5.14 所示。实验结果表明，相比于其他三种传输方案，Janus 对 60 s
的长断连能够节约至多 47.3% 的功耗，对于 3 s 的短断连能够降低至多
30.9% 的功耗。这是因为 Janus 在长断连的过程中，如果网络没有恢复，
Janus 会强制让设备处于休眠状态，降低了系统功耗。而其他的三种传输
方案在处理长断连的时候会不停地试探网络可用性，导致设备长期处于
唤醒状态，增大了能耗开销。

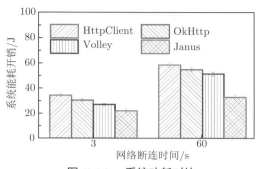

图 5.14　系统功耗对比

5.5.3　Janus 系统对真实应用的性能提升

本研究通过实验对比部署 Janus 系统前后应用的传输性能，评估 Janus 系统在真实的移动应用程序中的效果。

1. 处理网络异常能力评估

为了验证 Janus 系统对真实应用的性能提升，首先对表 5.1 中使用的应用重新进行了实验。实验发现，在 Janus 系统的支持下，原本无法进行异常恢复的应用现在可以正确地处理网络异常，不会影响用户正常的前台交互。

其次，对于表 5.1 中能够恢复异常的应用，Janus 系统能够降低它们的异常处理时间。为了验证效果，实验重复了 5.2 节的网络异常实验，对比了在部署 Janus 系统前后的异常恢复时间，实验结果如表 5.4 所示。实验结果表明，Janus 系统能够分别为 Google Play Store, 500px 和 TouchChina 降低至多 38.75%, 51.50% 和 40.05% 的异常恢复时间。 其

表 5.4　真实应用在不同的网络断连时间下的网络恢复时间对比

应用名称	网络任务	恢复时间 /s	
		Janus	原始方案
Google Play	下载 APK 文件	4.4/6.5/13.6	8.6/13.0/18.4
500px	加载图片	3.9/6.1/12.7	7.7/18.2/20.9
TouchChina	加载新闻	4.9/7.0/13.4	9.3/14.3/18.6

注：网络断连时间设置为 3 s，5 s，10 s。

他应用的实验结果类似,因为篇幅限制在此省略。断连恢复时间的降低主要是因为 Janus 系统能够直接监听底层的网络状况变化,同时在网络恢复时立即重新建立 TCP 连接传输未完成的数据。

2. 智能链路选择策略评估

为了评估 Janus 系统的智能链路选择策略的灵活性,实验中将 YouTube 应用运行在低 WiFi 环境下播放不同分辨率的视频。图 5.15(a) 显示了在播放不同分辨率视频时的带宽变化情况。如图所示,当应用需要的分辨率上升时,Janus 系统会将数据流切换到合适的无线链路上以保证上层应用的需求。而原始策略因为总是优先使用 WiFi,无法保证视频流畅播放所需要的带宽。图 5.15(b) 显示了播放不同分辨率时的卡顿情况。实验表明,通过基于网络状态的智能链路选择策略,Janus 系统能够降低大约 85.7% 的卡顿次数。

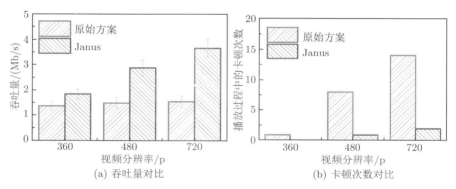

(a) 吞吐量对比　　　　　　　　(b) 卡顿次数对比

图 5.15　Janus 在不同的分辨率设置下能够满足不同应用的性能要求

3. 对不同网络环境的适应性

接下来通过实验评估 Janus 系统对变化的网络环境的适应情况。实验中运行一个 VoIP 应用（JusTalk）和流媒体应用（YouTube）,同时在 WiFi 和 LTE 网络之间移动。移动过程中网络状态不断变化,实验结果如图 5.16 所示。数据表明,原始的链路管理方案因为使用 WiFi 优先的策略,会一直坚持使用 WiFi 网络,直到 WiFi 信号彻底丢失才会切换到 LTE 网络。因此,VoIP 应用在移动过程中因为网络切换而中断了 6 s 时间。而 Janus 系统因为实时监控底层网络的变化,提前切换到了网络质

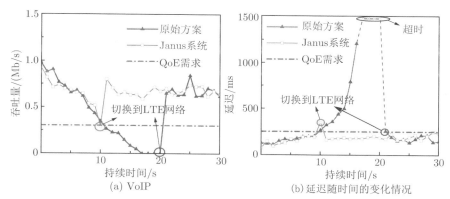

图 5.16　Janus 系统能够根据不同应用的特征选择最合适的无线链路

量更好的 LTE 网络，因此在整个移动过程中 VoIP 一直维持了良好的通话质量。类似地，如图 5.17 所示，对于流媒体应用 Janus 系统能够智能地选择满足播放分辨率的无线接口，在 WiFi 信号很差的时候及时切换到 LTE 接口，保证视频内容的流畅播放。

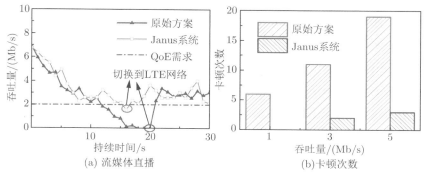

图 5.17　Janus 系统能够为直播流媒体应用选择最佳的无线链路，保证应用体验

4. 细粒度的流量控制

为了评估 Janus 系统的流量控制功能，实验中在同一个移动设备上运行 YouTube 应用和一个文件下载应用。在观看视频的过程中，文件下载应用在后台开启新的进程进行文件下载。首先，实验设置流媒体应用的优先级高于文件下载应用，并且仅允许流媒体的流量通过 WiFi 传输。两个应用的吞吐量随时间变化的实验结果如图 5.18(a) 所示。在这一场景下，因为流媒体服务设置了更高的优先级，Janus 系统会优先保证流媒体

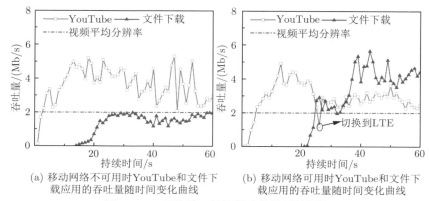

(a) 移动网络不可用时YouTube和文件下   (b) 移动网络可用时YouTube和文件下
载应用的吞吐量随时间变化曲线   载应用的吞吐量随时间变化曲线

图 5.18   网络接口选择策略的灵活性评估

应用的服务质量。随后，实验设置文件下载应用具有更高的优先级，同时允许流媒体应用通过移动网络传输。在此设定下，当下载任务开始时，Janus 系统将流媒体的数据流迁移到 LTE 接口上以避免 WiFi 链路上的带宽竞争。综上，Janus 系统的细粒度流量控制策略能够根据不同的网络状况、用户偏好和应用需求智能地进行流量控制。

5.5.4 真实户外网络环境下的运动实验

最后，本实验在真实的户外移动场景下评估 Janus 系统对网络中不稳定现象的处理效果。实验使用了一个设置了延迟敏感策略的 VoIP 应用和一个设置了带宽敏感策略的流媒体应用。在实验中将这两个应用在校园环境下移动，总共采集了 3194 个 VoIP 的样本和 7210 个流媒体样本。实验在原始环境下和部署了 Janus 系统环境下分别重现了采集到的样本数据。表 5.5 和表 5.6 中分别总结了 Janus 系统对 VoIP 应用和流媒体应用的性能提升。对于 VoIP 应用来说，实验采用 MOS[123] 来量化评估语音质量。参照文献 [124]，如果 MOS 值超过 3 则可以认为通话质量优良。因为 Janus 系统能够根据网络状态实时进行动态调整，Janus 系统能够降低 33% 的平均通话延迟，同时增加 31% 的通话质量优良的时间。对于流媒体应用而言，采样的平均播放时间为 5 min。Janus 系统能够降低 65% 的卡顿次数和 69% 的重新缓冲时间。

表 5.5　Janus 系统在真实户外环境下对 VoIP 应用的性能提升

	JusTalk (VoIP)		
	样本数量	通话质量优良 时间百分比/%	平均通话延迟/ms
原始方案	3194 (总共 11 760 min)	51	305
部署 Janus 系统		82	208

表 5.6　Janus 系统在真实户外环境下对流媒体应用的性能提升

	YouTube (流媒体应用)		
	样本数量	平均每样本的卡顿时间/s	平均每样本的卡顿次数
原始方案	7210	26.47	11.6
部署 Janus 系统		8.09	4.0

5.6　本章小结

现有的移动平台上的网络协议栈仍沿用了传统桌面设备的协议栈，并没有针对无线网络的网络不稳定性进行重点优化，这导致在实际系统中，许多移动应用往往忽略了对网络断连和持续低带宽的处理，导致应用的传输性能、用户体验受到严重影响。现有的解决方案如 MPTCP 等无法很好地解决移动应用在网络状况不稳定时 QoE 下降的问题。当不同链路通信质量差异较大时（拥有不同的丢包率和延迟），MPTCP 系统的整体吞吐量就会严重下降。当接收端在等待另一条低质量链路发来的包时，接收缓冲区可能会被填满从而发生丢包重传。因此，在其他链路的通信质量都较好的情况下，质量最差的那条链路就会成为整个系统的瓶颈。现有的测量工作指出 MPTCP 在某些场景下的吞吐量甚至低于传统 TCP。此外，MPTCP 相关框架并不能很好地解决本项目所关注的应用场景，无法充分利用多无线网络资源进而降低数据传输的延迟抖动。此外，MPTCP 的部署一般需要客户端和服务器端的同时修改，甚至需要网络中间件的兼容性支持。这些都导致了 MPTCP 的实用性和部署性较差。

本章针对移动和无线网络传输环境，设计了面向移动终端的稳定、高效的弱场网络异常快速恢复系统——Janus 系统。Janus 系统运行于移动设备之上，帮助不同移动应用应对无线和移动网络环境中复杂的网络异常问题。Janus 系统在移动终端内部设置一个本地流量代理，使终端上应用程序的流量都通过该代理集中到本地流管理器进行统一管理，然后根据实时的网络情况选择最佳的网络接口进行数据的交互。避免了让应用盲目地遵循系统默认的"WiFi 优先"策略，而是能够让操作系统智能地为应用选择合适的网络接口，以降低网络传输的延迟抖动、提升用户体验，使视频观看卡顿、在线游戏延迟高、网页加载慢等问题得到有效的缓解，提升了移动应用的用户体验。

第 6 章　总结与展望

本书重点研究了移动网络场景下面向移动云计算的智能终端传输优化技术。本书针对几类具有代表性的移动应用展开终端、网络、云端的协同优化，设计并实现了高清，低延迟的交互式 VR 系统和移动个人云存储服务同步效率优化系统。此外还针对移动应用在不稳定的网络环境下的传输问题设计了面向移动应用的高效、稳定传输框架。本章对本书的所有研究工作进行总结，并展望未来的进一步研究工作。

6.1　总　　结

移动互联网的发展主要得益于智能终端设备的发展和无线网络的发展。其中，智能终端设备主要以智能手机为代表，主要指的是能够运行移动操作系统（如 Android、iOS 等）的移动手持设备。智能终端通过触屏或键盘等硬件和用户交互，可以运行各式各样的移动应用程序。大部分的移动应用通过无线网络（例如 WiFi 和蜂窝网络）访问互联网中的资源，为用户提供各式各样的功能与服务。随着智能终端的普及，保障应用程序优质的用户体验成为移动互联网中的重要问题。

为了克服移动终端计算、存储、网络、电池等资源限制，为移动网络环境下的用户提供更优质的用户体验质量，本书运用移动云计算技术优化移动终端上应用程序的 QoE，为主流的应用场景设计了传输优化技术。本书还为所设计的方案实现了原型系统，并通过大量实验证明了所设计方案的有效性。本研究的贡献可总结为以下三点。

（1）面向计算密集型应用的用户体验优化。虚拟现实技术（virtual reality，VR）是一种新兴的重要应用，运行时会产生大量的计算开销。

VR 应用通过渲染逼真的 3D 环境为用户提供身临其境的感官体验，在医疗、教育、娱乐等各行业都有广泛而重要的应用。然而，VR 系统的计算及传输负载较大，而现有的智能终端和移动网络因计算、传输能力受限，无法保证良好的 VR 用户体验。本研究设计并实现了运行于当今智能终端上的高清、低延迟、交互式渲染框架——Furion 系统。Furion 系统将复杂而高功耗的渲染任务通过网络传递到云端，由云端完成具有高计算量的图像渲染工作，最终返回终端并显示给用户。为了克服移动终端计算能力有限、无线网络高延迟、带宽有限等挑战，本书重点研究了协同渲染、预加载技术、并行解码和动态分辨率自适应技术。为了验证系统的有效性，本研究在现有的移动终端和无线网络环境下实现、部署、评估了Furion 系统。与传统的基于本地渲染的 VR 系统相比，Furion 系统可以提供更加高清而流畅的画质，极低的交互式用户感知延迟，以及更低的移动终端功耗。同时，Furion 系统作为一种渲染迁移框架，具有一定的普适应，能够作为移动 VR 应用的底层支持，在未来能为各式各样的 VR 应用提供更加便携的使用方式，更加高清、低延时的交互体验，以及保证更长时间的续航。

（2）面向网络密集型应用的用户体验优化。移动个人云存储是一种重要的网络密集型移动应用。同步效率是影响移动个人云存储服务用户体验的关键指标。然而，相对于传统的有线网络而言，移动互联网接入网络的带宽更低，成本更高，同时移动设备一般计算能力和存储能力相对于传统计算机来说较小，因此移动环境下的个人云存储服务在终端设备和云之间进行数据上传下载时，对网络带宽和本地硬件设备造成了很大压力。此外，由于移动网络环境下网络延迟（RTT）较高，且信道质量的变化使得网络连接不稳定，丢包率较高，保证移动云存储服务的同步效率，减轻终端设备的计算、存储负担，成为移动云存储领域最重要的问题之一。本研究为了解决移动云存储服务中存在的同步效率不高的问题，设计并实现了面向移动云存储的同步效率优化系统——QuickSync 系统。QuickSync 系统提出了一种基于网络状况的动态云同步方案。该方案能够根据终端自身的计算能力以及所处的网络环境，动态地选择数据块的切分方案，选取在当前环境下能够最小化同步时延的切块方案。同时，设计方案使得服务器端并不需要保存相同文件在不同的切块方案下的所有切块结果，避免了保存相同文件在不同方案下的多个备份，减少了服务器上的存储资源开销。QuickSync 系统主要包含 3 个核心技术：① 利用基于网络状况和文件内容的动态分块方案，找出更多的数据冗余，减少传输数据量；② 改进增量同步方案，确保任何场景下增量同步正确运行；③ 复用网络连接，捆绑小数据传输，提升带宽利用率。真实应用负载实验证明，对于日常生活中常见的工作负载，QuickSync 系统最多能减少 52.9% 的同步时间。

（3）移动网络稳定性优化。优化移动网络的稳定性是移动云计算研究中的重要问题之一。随着移动互联网的高速发展，移动终端上的软硬件种类日益丰富，功能日益强大。其中，大部分的移动应用都需要借助移动网络（WiFi/Cellular）实现自身功能。相对于传统的有线网络中的应用，移动应用需要更加注重：① 弱场环境（例如高铁、集会等场景）中网络异常的处理；② 优化网络传输造成的能耗开销，以延长移动终端的使用时间。然而，现有的移动平台上的网络协议栈仍沿用了传统桌面设备的协议栈，并没有针对网络异常和传输能耗这两个重要问题进行重点优化，这导致在实际系统中，许多移动应用往往忽略了这两个重要问题，使应用的传输性能、用户体验受到严重影响。本书设计了面向移动终端的稳定、高效的新型传输系统——Janus 系统。Janus 系统运行于移动设备之上，介于应用和现有的网络协议栈之间。Janus 系统能够自动监听网络环境，高效率地处理网络异常，降低传输时延与能耗开销。

6.2　展　　望

综上所述，本书主要研究了面向移动云计算的传输优化问题。智能终端和移动网络技术方兴未艾，在未来仍然需要进一步发展，本书也期待未来的智能终端上会出现更多功能各异的新兴应用，未来的移动网络能够提供更加优质的网络服务。基于本工作，在移动网络及应用优化这一方向上，期望未来的研究内容包括以下几个方面：

（1）本书中设计的 Furion 框架支持在现有移动终端和无线网络上的高清、低延迟技术。在未来的研究中，将进一步研究如何让这一 VR 框架支持多个用户同时使用 VR 应用进行交互，并且仍然要保证高画质和低延迟的 VR 内容。

(2) 本书中提出的 QuickSync 架构能够降低在移动网络环境下个人云存储服务的同步效率。实际上，个人云存储服务可以作为所有协同类应用的存储支持。在未来的研究中，将研究个人云存储服务之上所承载的其他协同类型应用的流量特征，研究如何针对特定类型的协同类应用做进一步的针对性优化。

(3) 本书中介绍的 Janus 移动传输框架为运行于智能终端上的移动应用提供了高效率数据传输的稳定性保证。未来的研究中会考虑与多径传输技术相结合，研究如何利用智能终端上的多个无线接口（例如 WiFi、LTE、蓝牙等）为上层的新兴应用（例如 VR/AR 等）提供更好的 QoE 保证。

参 考 文 献

[1] 2017 中国互联网发展报告[EB/OL]. 2017. http://ex.cssn.cn/ts/ts_scfj/201707/t20170725_3590429.shtml.

[2] Kakerow R. Low power design methodologies for mobile communication[C]. Computer Design: VLSI in Computers and Processors. IEEE, 2002: 8-13.

[3] Paulson L D. Low-power chips for high-powered handhelds[J]. Computer, 2003, 36(1):21-23.

[4] Cuervo E, Balasubramanian A, Cho D k, et al. Maui: making smartphones last longer with code offload[C]. Proceedings of the 8th International Conference on Mobile Systems, Applications, and Services. ACM, 2010: 49-62.

[5] Cuervo E, Wolman A, Cox L P, et al. Kahawai: High-quality mobile gaming using gpu offload[C]. Proceedings of the 13th Annual International Conference on Mobile Systems, Applications, and Services. ACM, 2015: 121-135.

[6] Lee K, Chu D, Cuervo E, et al. Outatime: Using speculation to enable low-latency continuous interaction for mobile cloud gaming[C]. Proceedings of the 13th Annual International Conference on Mobile Systems, Applications, and Services. ACM, 2015: 151-165.

[7] Shea R, Liu J, Ngai E C H, et al. Cloud gaming: architecture and performance[J]. IEEE Network, 2013, 27(4): 16-21.

[8] Shea R, Liu J. On gpu pass-through performance for cloud gaming: Experiments and analysis[C]. Proceedings of Annual Workshop on Network and Systems Support for Games. IEEE Press, 2013b: 1-6.

[9] Shea R, Fu D, Liu J. Rhizome: Utilizing the public cloud to provide 3d gaming infrastructure[C]. Proceedings of the 6th ACM Multimedia Systems Conference. ACM, 2015: 97-100.

[10] Shi S, Hsu C H. A survey of interactive remote rendering systems[J]. ACM Computing Surveys, 2015, 47(4):57.

[11] Wu J, Yuen C, Cheung N M, et al. Enabling adaptive highframerate video streaming in mobile cloud gaming applications[J]. IEEE Transactions on Circuits and Systems for Video Technology, 2015, 25(12):1988-2001.

[12] Shi S, Hsu C H, Nahrstedt K, et al. Using graphics rendering contexts to enhance the realtime video coding for mobile cloud gaming[C]. Proceedings of the 19th ACM International Conference on Multimedia. ACM, 2011: 103-112.

[13] Oberheide J, Veeraraghavan K, Cooke E, et al. Virtualized in-cloud security services for mobile devices[C]. Proceedings of the First Workshop on Virtualization in Mobile Computing. ACM, 2008: 31-35.

[14] Zou P, Wang C, Liu Z, et al. Phosphor: A cloud based drm scheme with sim card[C]. Web Conference (APWEB), 2010 12th International Asia-Pacific. IEEE, 2010: 459-463.

[15] Drago I, Mellia M, M Munafo M, et al. Inside dropbox: understanding personal cloud storage services[C]. Proceedings of the 2012 Internet Measurement Conference. ACM, 2012.

[16] Chang C M, Hsu C H, Hsu C F, et al. Performance measurements of virtual reality systems: Quantifying the timing and positioning accuracy[C]. Proceedings of the 2016 ACM on Multimedia Conference. ACM, 2016: 655-659.

[17] Boos K, Chu D, Cuervo E. Flashback: Immersive virtual reality on mobile devices via rendering memoization[C]. Proceedings of the 14th Annual International Conference on Mobile Systems, Applications, and Services. ACM, 2016: 291-304.

[18] Abari O, Bharadia D, Duffield A, et al. Cutting the cord in virtual reality[C]. Proceedings of the 15th ACM Workshop on Hot Topics in Networks. ACM, 2016: 162-168.

[19] Abari O, Bharadia D, Duffield A, et al. Enabling high-quality untethered virtual reality[C]. NSDI. USENIX, 2017: 531-544.

[20] Qualcomm snapdragon 835[EB/OL]. 2017. https://www.qualcomm.com/news/releases/2017/02/23/qualcomm%2Dintroduces%2Dsnapdragon%2D835%2Dvirtual%2Dreality%2Ddevelopment%2Dkit.

[21] Chun B G, Ihm S, Maniatis P, et al. Clonecloud: elastic execution between mobile device and cloud[C]. Proceedings of the Sixth Conference on Computer Systems. ACM, 2011: 301-314.

[22] Gordon M S, Jamshidi D A, Mahlke S, et al. Comet: code offload by migrating execution transparently[C]. USENIX Symposium on Operating Systems Design and Implementation. 2012: 93-106.

[23] Ha K, Chen Z, Hu W, et al. Towards wearable cognitive assistance[C]. Proceedings of the 12th Annual International Conference on Mobile Systems, Applications, and Services. ACM, 2014: 68-81.

[24] Narayanan D, Satyanarayanan M. Predictive resource management for wearable computing[C]. Proceedings of the 1st International Conference on Mobile Systems, Applications and Services. ACM, 2003: 113-128.

[25] Noble B D, Satyanarayanan M, Narayanan D, et al. Agile application-aware adaptation for mobility[C]. Proceedings of ACM Symposium on Operating System Principles. 1997.

[26] Mark W R, McMillan L, Bishop G. Post-rendering 3d warping[C]. Proceedings of the 1997 Symposium on Interactive 3D Graphics. ACM, 1997.

[27] Reinert B, Kopf J, Ritschel T, et al. Proxy-guided image-based rendering for mobile devices[J]. Computer Graphics Forum, 2016, 35(7):353-362.

[28] Chong J, Satish N, Catanzaro B, et al. Efficient parallelization of h. 264 decoding with macroblock level scheduling[C]. 2007 IEEE International Conference on Multimedia and Expo. IEEE, 2007: 1874-1877.

[29] Chi C C, Alvarez-Mesa M, Juurlink B, et al. Parallel scalability and efficiency of hevc parallelization approaches[J]. IEEE Transactions on Circuits and Systems for Video Technology, 2012, 22(12):1827-1838.

[30] Alvarez-Mesa M, Chi C C, Juurlink B, et al. Parallel video decoding in the emerging hevc standard[C]. 2012 IEEE International Conference on. Acoustics, Speech and Signal Processing, IEEE, 2012: 1545-1548.

[31] Next generation video encoding for 360 video[EB/OL]. https://code. facebook.com/posts/1126354007399553/next%2Dgeneration%2Dvideo% 2Dencoding%2Dtechniques%2Dfor%2D360%2Dvideo%2Dand%2Dvr/.

[32] Qian F, Ji L, Han B, et al. Optimizing 360 video delivery over cellular networks[C]. Proceedings of the 5th Workshop on All Things Cellular: Operations, Applications and Challenges. ACM, 2016: 1-6.

[33] Sreedhar K K, Aminlou A, Hannuksela M M, et al. Viewport-adaptive encoding and streaming of 360-degree video for virtual reality applications[C]. International Symposium on Multimedia. IEEE, 2016: 583-586.

[34] Ochi D, Kunita Y, Fujii K, et al. Hmd viewing spherical video streaming system[C]. Proceedings of the 22nd ACM International Conference on Multimedia. ACM, 2014: 763-764.

[35] Gaddam V R, Riegler M, Eg R, et al. Tiling in interactive panoramic video: Approaches and evaluation[J]. IEEE Transactions on Multimedia, 2016, 18 (9):1819-1831.

[36] Guenter B, Finch M, Drucker S, et al. Foveated 3d graphics[J]. ACM Transactions on Graphics, 2012, 31(6):164.

[37] Swafford N T, Iglesias-Guitian J A, Koniaris C, et al. User, metric, and computational evaluation of foveated rendering methods[C]. Proceedings of the ACM Symposium on Applied Perception. ACM, 2016: 7-14.

[38] Zhang L, Li X Y, Huang W, et al. It starts with igaze: Visual attention driven networking with smart glasses[C]. Proceedings of the 20th Annual International Conference on Mobile Computing and Networking. ACM, 2014a: 91-102.

[39] Li A, Yang X, Kandula S, et al. Cloudcmp: comparing public cloud providers[C]. Proceedings of the 2010 Internet Measurement Conference. ACM, 2010.

[40] Hill Z, Li J, Mao M, et al. Early observations on the performance of windows azure[C]. International Symposium on High Performance Distributed Computing. ACM, 2010.

[41] Palankar M R, Iamnitchi A, Ripeanu M, et al. Amazon s3 for science grids: a viable solution? [C]. Proceedings of the 2008 International Workshop on Data-aware Distributed Computing. ACM, 2008.

[42] Bergen A, Coady Y, McGeer R. Client bandwidth: The forgotten metric of online storage providers[C]. PacRim. 2011.

[43] Drago I, Bocchi E, Mellia M, et al. Benchmarking personal cloud storage[C]. Proceedings of the 2013 Internet Measurement Conference. ACM, 2013.

[44] Li Z, Jin C, Xu T, et al. Towards network-level efficiency for cloud storage services[C]. Proceedings of the 2014 Internet Measurement Conference. ACM, 2014.

[45] Gracia-Tinedo R, Tian Y, Sampé J, et al. Dissecting ubuntuone: Autopsy of a global-scale personal cloud back-end[C]. Proceedings of the 2015 Internet Measurement Conference. ACM, 2015: 155-168.

[46] Gracia-Tinedo R, Sanchez Artigas M, Moreno-Martinez A, et al. Actively measuring personal cloud storage[C]. Cloud Computing (CLOUD). 2013.

[47] Mager T, Biersack E, Michiardi P. A measurement study of the wuala on-line storage service[C]. Peer-to-Peer Computing (P2P). IEEE, 2012.

[48] Hu W, Yang T, Matthews J N. The good, the bad and the ugly of consumer cloud storage[C]. SIGOPS, 2010.

[49] Li Z, Wang X, Huang N, et al. An empirical analysis of a large-scale mobile cloud storage service[C]. Proceedings of the 2016 Internet Measurement Conference. ACM, 2016a: 287-301.

[50] Vrable M, Savage S, Voelker G M. Bluesky: a cloud-backed file system for the enterprise[C]. FAST. USENIX, 2012.

[51] Calder B, Wang J, Ogus A, et al. Windows azure storage: a highly available cloud storage service with strong consistency[C]. SOSP. ACM, 2011.

[52] Tang H, Liu F, Shen G, et al. Unidrive: Synergize multiple consumer cloud storage services[C]. Proceedings of the 16th Annual Middleware Conference. ACM, 2015.

[53] Li Z, Wilson C, Jiang Z, et al. Efficient batched synchronization in dropbox-like cloud storage services[C]. Middleware. Springer, 2013.

[54] Zhang Y, Dragga C, Arpaci-Dusseau A C, et al. Viewbox: integrating local file systems with cloud storage services[C]. FAST. USENIX, 2014.

[55] Muthitacharoen A, Chen B, Mazieres D. A low-bandwidth network file system[C]. SIGOPS. ACM, 2001.

[56] Zhu B, Li K, Patterson R H. Avoiding the disk bottleneck in the data domain deduplication file system[C]. FAST. USENIX, 2008.

[57] Shilane P, Huang M, Wallace G, et al. Wan-optimized replication of backup datasets using stream-informed delta compression[C]. TOS, 2012.

[58] Hua Y, Liu X, Feng D. Neptune: Efficient remote communication services for cloud backups[C]. INFOCOM. IEEE, 2014.

[59] Seafile source code [EB/OL]. 2017. https://github.com/haiwen/seafile.

[60] Agarwal B, Akella A, Anand A, et al. Endre: An end-system redundancy elimination service for enterprises[C]. NSDI. USENIX, 2010.

[61] Spring N T, Wetherall D. A protocol-independent technique for eliminating redundant network traffic[C]. SIGCOMM, 2000.

[62] Anand A, Gupta A, Akella A, et al. Packet caches on routers: the implications of universal redundant traffic elimination[C]. SIGCOMM. ACM, 2008.

[63] Tridgell A, Mackerras P, et al. The rsync algorithm [EB/OL]. 1996.

[64] Deng S, Netravali R, Sivaraman A, et al. Wifi, lte, or both?: Measuring multi-homed wireless internet performance[C]. Proceedings of the 2014 Conference on Internet Measurement Conference. ACM, 2014: 181-194.

[65] Ding N, Wagner D, Chen X, et al. Characterizing and modeling the impact of wireless signal strength on smartphone battery drain[C]. Proceeding of ACM SIGMETRICS. 2013: 29-40.

[66] Moon Y, Kim D, Go Y, et al. Practicalizing delay-tolerant mobile apps with cedos[C]. Proceedings of the 13th Annual International Conference on Mobile Systems, Applications, and Services. ACM, 2015: 419-433.

[67] Mahindra R, Viswanathan H, Sundaresan K, et al. A practical traffic management system for integrated lte-wifi networks[C]. Proceedings of the 20th

Annual International Conference on Mobile Computing and Networking. ACM, 2014: 189-200.

[68] Wischik D, Raiciu C, Greenhalgh A, et al. Design, implementation and evaluation of congestion control for multipath tcp[C]. NSDI. 2011.

[69] Ford A, Raiciu C, Handley M, et al. Architectural guidelines for multipath tcp development[J]. Internet Engineering Task Force (IETF), RFC, 2011, 6182: 1-28.

[70] Croitoru A, Niculescu D, Raiciu C. Towards wifi mobility without fast handover[C]. NSDI. 2015.

[71] Jadin M, Tihon G, Pereira O, et al. Securing multipath tcp: Design and implementation[C]. IEEE INFOCOM. 2017.

[72] De Coninck Q, Baerts M, Hesmans B, et al. A first analysis of multipath tcp on smartphones[C]. PAM. Springer, 2016.

[73] Han B, Qian F, Hao S, et al. An anatomy of mobile web performance over multipath tcp[C]. CONEXT. ACM, 2015.

[74] Chen Y C, Lim Y s, Gibbens R J, et al. A measurement-based study of multipath tcp performance over wireless networks[C]. IMC. ACM, 2013.

[75] Nikravesh A, Guo Y, Qian F, et al. An in-depth understanding of multipath tcp on mobile devices: Measurement and system design[C]. Proceedings of the 22nd Annual International Conference on Mobile Computing and Networking. ACM, 2016: 189-201.

[76] Deng S, Sivaraman A, Balakrishnan H. All your network are belong to us: A transport framework for mobile network selection[C]. Proceedings of the 15th Workshop on Mobile Computing Systems and Applications. ACM, 2014b: 19.

[77] Deb S, Nagaraj K, Srinivasan V. Mota: engineering an operator agnostic mobile service[C]. Proceedings of the 17th Annual International Conference on Mobile Computing and Networking. ACM, 2011: 133-144.

[78] Coucheney P, Touati C, Gaujal B. Fair and efficient user-network association algorithm for multi-technology wireless networks[C]. INFOCOM 2009, IEEE. IEEE, 2009: 2811-2815.

[79] Balasubramanian A, Mahajan R, Venkataramani A. Augmenting mobile 3g using wifi[C]. MobiSys. ACM, 2010.

[80] Lee K, Lee J, Yi Y, et al. Mobile data offloading: how much can wifi deliver? [C]. Proceedings of the 6th International COnference. ACM, 2010: 26.

[81] Dutta A, Famolari D, Das S, et al. Media-independent pre-authentication supporting secure interdomain handover optimization[J]. IEEE Wireless Communications, 2008, 15(2): 55-64.

[82] Koodli R. Fast handovers for mobile ipv6[Z]. 2005.

[83] Oculus rift [EB/OL]. https://www3.oculus.com/en-us/rift/.

[84] Htc vive [EB/OL]. https://www.vive.com/us/.

[85] VR 市场预测 [EB/OL]. http://www.qudong.com/article/472839.shtml.

[86] What vr could, should, and almost certainly will be within two years [EB/OL]. http://media.steampowered.com/apps/abrashblog/Abrash%20Dev%20Days%202014.pdf.

[87] Google daydream [EB/OL]. https://vr.google.com/daydream/.

[88] Gear vr [EB/OL]. http://www.samsung.com/global/galaxy/gear-vr/.

[89] Polyrunner vr [EB/OL]. https://play.google.com/store/apps/details?id=com. lucidsight.polyrunnervr&hl=en.

[90] Lego [EB/OL]. https://play.google.com/store/apps/details?id=com.lego. brickheadz.dreambuilder&hl=en.

[91] vtime [EB/OL]. https://play.google.com/store/apps/details?id=net.vtime. cardboard&hl=en.

[92] Overlord [EB/OL]. https://play.google.com/store/apps/details?id=com. otherside.underworldoverlord&hl=en.

[93] Viking village [EB/OL]. https://www.assetstore.unity3d.com/en/#!/content/29140.

[94] Corridor [EB/OL]. https://www.assetstore.unity3d.com/en/#!/content/33630.

[95] Nature [EB/OL]. https://www.assetstore.unity3d.com/en/#!/content/52977.

[96] Mittal A, Moorthy A K, Bovik A C. No-reference image quality assessment in the spatial domain. IEEE Transactions on Image Processing, 2012, 21(12): 4695-4708.

[97] Li W, Wu D, Chang R K, et al. Demystifying and puncturing the inflated delay in smartphone-based wifi network measurement[C]. Proceedings of the 12th International on Conference on emerging Networking EXperiments and Technologies. ACM, 2016b: 497-504.

[98] Ngmn 5g white paper [EB/OL]. https://www.ngmn.org/uploads/media/NGMN_5G_White_Paper_V1_0.pdf.

[99] Garcia-Saavedra A, Serrano P, Banchs A, et al. Energy consumption anatomy of 802.11 devices and its implication on modeling and design[C]. Proceedings of the 8th International Conference on Emerging Networking Experiments and Technologies. ACM, 2012: 169-180.

[100] ffmpeg [EB/OL]. https://ffmpeg.org/.

[101] x264library [EB/OL]. http://www.videolan.org/developers/x264.html.

[102] Hls [EB/OL]. https://developer.apple.com/streaming/.

[103] Wang Z, Bovik A C, Sheikh H R, et al. Image quality assessment: from error visibility to structural similarity[J]. IEEE Transactions on Image Processing, 2004, 13(4): 600-612.

[104] Daydream-ready smartphones [EB/OL]. https://vr.google.com/daydream/phones/.

[105] Thermal requirement [EB/OL]. https://developers.google.com/vr/distribute/daydream/performance-requirements.

[106] Battery historian tool [EB/OL]. 2017. https://github.com/google/battery-historian.

[107] 全球信息数据量逐年猛增 [EB/OL]. http://data.cnstock.com/shujupd/shujusjjj/201608/3864890.htm.

[108] Kholia D, Wegrzyn P. Looking inside the (drop) box[C]. USENIX Workshop on Offensive Technologies (WOOT). 2013.

[109] Dynamorio [EB/OL]. 2018. http://dynamorio.org.

[110] librsync [EB/OL]. 2018. http://librsync.sourceforge.net/.

[111] Huang J, Qian F, Guo Y, et al. An in-depth study of lte: effect of network protocol and application behavior on performance[J]. ACM SIGCOMM Computer Communication Review, 2013, 43: 363-374.

[112] Jin X, Huang P, Xu T, et al. Nchecker: saving mobile app developers from network disruptions[C]. Proceedings of the Eleventh European Conference on Computer Systems. ACM, 2016: 22.

[113] Estar [EB/OL]. https://play.google.com/store/apps/details?id=com.mobileenerlytics.estar&hl=en.

[114] Schulman A, Navda V, Ramjee R, et al. Bartendr: a practical approach to energy-aware cellular data scheduling[C]. Proceedings of ACM MobiSys. 2010: 85-96.

[115] Rahmati A, Zhong L. Context-for-wireless: context-sensitive energy-efficient wireless data transfer[C]. Proceedings of ACM MobiSys. 2007: 165-178.

[116] Cui Y, Xiao S, Wang X, et al. Performance-aware energy optimization on mobile devices in cellular network[C]. IEEE INFOCOM 2014-IEEE Conference on Computer Communications. IEEE, 2014: 1123-1131.

[117] Recommended video bitrate [EB/OL]. https://support.google.com/youtube/answer/1722171?hl=en.

[118] Arjona A, Westphal C, Ylä-Jääski A, et al. Towards high quality voip in 3g networks-an empirical study[C]. Fourth Advanced International Conference on. Telecommunications, 2008. AICT'08. IEEE, 2008: 143-150.

[119] Volley [EB/OL]. http://developer.android.com/training/volley/index.html.

[120] Okhttp [EB/OL]. http://square.github.io/okhttp/.

[121] Httpclient [EB/OL]. https://hc.apache.org/httpcomponents-client-ga/.

[122] Monsoon powermonitor [EB/OL]. http://msoon.github.io/powermonitor/.

[123] Mos [EB/OL]. https://en.wikipedia.org/wiki/Mean_opinion_score.

[124] Balasubramanian A, Mahajan R, Venkataramani A, et al. Interactive wifi connectivity for moving vehicles[J]. ACM SIGCOMM Computer Communication Review, 2008, 38(4):427-438.

在学期间发表的学术论文与研究成果

发表的学术论文

[1] **Lai Zeqi**, Hu Y Charlie, Cui Yong, Sun Linhui, Dai Ningwei. Furion: Engineering highquality immersive virtual reality on today's mobile devices[C]. ACM MOBICOM, 2017.

[2] Cui Yong, **Lai Zeqi**, Wang Xin, Dai Ningwei, Miao Congcong. Quicksync: Improving synchronization efficiency for mobile cloud storage services[C]. ACM MOBICOM, 2015.

[3] **Lai Zeqi**, Cui Yong, Li Mining, Li Zhenhua, Dai Ningwei, Chen Yuchi. Tailcutter: Wisely cutting tail latency in cloud cdn under cost constraints[C]. IEEE INFOCOM, 2016.

[4] Cui Yong, **Lai Zeqi**, Wang Xin, Dai Ningwei. Quicksync: Improving synchronization efficiency for mobile cloud storage services[C]. IEEE Transactions on Mobile Computing, 2017.

[5] **Lai Zeqi**, Cui Yong, Jiang Yimin, Chen Xiaomeng, Hu Y.Charlie, Tan Kun, Dai Minglong, Zheng Kai. Wireless network instabilities in the wild: Prevalence, app (non)resilience, and os remedy[C]. IEEE ICNP, 2017.

[6] **Lai Zeqi**, Cui Yong, Bao Yayun, Liu Jiangchuan, Zhao Yingchao, Ma Xiao. Joint media streaming optimization of energy and rebuffering time in cellular networks[C]. IEEE ICPP, 2015.

[7] Cui Yong, **Lai Zeqi**, Dai Ningwei. A first look at mobile cloud storage services: architecture, experimentation, and challenges[C]. IEEE Network, 2016, 30(4): 16-21.

[8] Cui Yong, Xiao Shihan, Wang Xin, Li Minming, Wang Hongyi, **Lai Zeqi**. Performance-aware energy optimization on mobile devices in cellular network[C]. IEEE INFOCOM, 2014.

[9] Cui Yong, Xiao Shihan, Wang Xin, **Lai Zeqi**, Yang Zhenjie, Li Minming, Wang Hongyi. Performance-aware energy optimization on mobile devices

in cellular network[J]. IEEE Transactions on Mobile Computing, 2016, (4): 1073-1089.

[10] Wang Ziyi, Cui Yong, **Lai Zeqi**. A First Look at Mobile Intelligence: Architecture, Experimentation and Challenges[J]. IEEE Network. 2019, 33(4): 120-125.

[11] 崔勇, **赖泽祺**, 缪葱葱. 移动云存储服务关键技术研究 [J]. 中兴通讯技术, 2015, 21(2): 10-13.

研 究 成 果

[1] **赖泽祺**, 崔勇, 肖诗汉. 一种带宽分配方法: 中国, 2013106651124[P].

[2] 崔勇, **赖泽祺**, 鲍亚运. 能耗优化的流媒体应用带宽资源分配方法: 中国, 201410589678[P].

[3] 崔勇, 鲍亚运, **赖泽祺**. 快速能耗优化的流媒体应用带宽资源分配方法: 中国, 201410589676[P].

[4] 崔勇, 鲍亚运, **赖泽祺**. 流媒体应用快速缓冲的带宽分配方法: 中国, 2014105896 773[P].

致　　谢

时光荏苒，五年博士研究生的生活如梭般飞逝，转瞬之间已经到了毕业的季节。

衷心感谢我的导师崔勇教授在我的博士研究生生涯中对我的谆谆教导。五年前，他引导我开始了在计算机网络方向上的学术研究。在我的博士生生涯中，是他的高标准、严要求锻炼了我的学术品味，使我在科研过程中不断勉励自己发表国际顶级期刊及会议论文，做有创新的研究，做贴近实际需求的研究，做有影响力的研究。

感谢远在美国纽约石溪大学的王歆教授在我的科研启蒙阶段对我的耐心指导和帮助。博士生生涯的前两年，因为缺乏科研经验，在进行学术研究的过程中犯了不少低级错误。王歆教授宽容和耐心地教给了我许多科研上的技巧和方法，帮助我顺利地通过了初始的迷茫时期，并发表了自己人生中的第一篇高水平论文。

博士研究生期间，我有幸赴美国普渡大学的电子与计算机工程系参加了为期 12 个月的联合培养项目。在此期间，承蒙 Y.Charlie Hu 教授在生活上和学业上对我的热心指导与帮助，使我对计算机系统和网络方向的研究有了更加深刻的理解与认识。这段访学经历将使我终身受益。

感谢 Mobile Computing 小组的戴柠薇、孙霖晖、江逸敏等同学对我的大力支持以及实验室全体同学的热情帮助。科研之路道阻且长，凭一己之力难以克服所有困难。在五年的学习和生活中，有许许多多非常优秀的学弟、学妹对我的科研工作提供了至关重要的帮助与支持。我所有的论文和专利成果都离不开 Mobile Computing 小组成员们的鼎力相助。

感谢我的家人在背后对我的默默支持，数次将游离在心态崩溃边缘的我拉回，并让我收拾好支离破碎的心继续奋勇向前。

最后，再次真诚地感谢所有的老师、同学、家人和朋友们。路漫漫其修远兮，在科研道路上不断求索的我将继续脚踏实地，砥砺前行，求真求实并大气大为，厚德载物且自强不息。